從心出發的
50堂職場必修課

領導的起點

リーダーのための
経営心理学——
人を動かし導く50の心の性質

藤田耕司——著
郭書妤 譯

領導人心50法則

1 滿足人類三需求：活下去、搞好人際關係、自我成長。

2 搞好人際關係，獲得認同，身體就健康。

3 他認同我，我就認同他；他否定我，我也會否定他。

4 要我認同他，那我得先從不否定他開始。

5 我有疑問，就會想找答案。

6 活到老，喜歡被讚美到老。

7 臉皮要厚，放膽溝通，效果絕對大不同。

8 世事並非理所當然，凡事要心存感謝。

9 傾聽有共鳴，彼此信任又放心。

10 希望對方體會我這一路苦盡甘來的心情。

11 希望對方能理解我的感受。

12 我相信我會成長，我有許多可能性，希望他人也能相信我。

13 只要他人對我有期待，我就會有自信。

14 先讓對方知道他自己的優點，才能讓他往我想要的方向行動。

15 如果你信任我，讓我察覺自己的優點，你就是重要人物。

16 我相信言行一致、待人不會大小眼、隨遇而安的人。

17
欲望可分為：自己的私欲及大愛的公欲。

18
心懷大愛，會讓工作與人生的格局變大。

19
持續分析成功或失敗的原因，並應用這個心得，就會進步神速。

20
管理者需要「達標」與「維持好人緣」兩種能力。

21
管理者必須決定英雄由誰當？是自己？還是團隊或組織？

22
樂見屬下成長的管理者，利於促進組織整體的成長。

23
採用認同對方的溝通方式，你我都開心。

24
人與人之間的情緒會互相感染。

25
上司的情緒會影響屬下的情緒。

26

我會為了「追求快感」或「迴避不快」而做某事。

27

為了再度體驗快感，我會展開學習。

28

當我被逼到絕境而恐懼時，體內分泌的去甲腎上腺素會提升專注力和判斷力，同時讓我逃離恐懼。

29

消費行為的動機，分為追求快感型與迴避不快型。

30

領導方法分為追求快感型與迴避不快型。

31

以追求快感型為主，搭配迴避不快型來領導，就能活躍屬下和組織。

32

情緒會依據我對某事所下的定義而改變。

33

找出無法激發對方行動的原因並改變它的意義，就能帶動對方。

34 運用故事來打動人心，就能強化對方的行為動機。

35 用故事間接傳達訊息，就能打動對方的心。

36 人們會珍惜有故事的事物。

37 對「未來」的想像，會影響「現在」的情緒與生存方式。

38 人們會靠近能提出美好願景的人。

39 我的上司就是我未來的模樣。

40 我要先想像消費後的未來景象，才會掏錢購買。

41 每個人都想知道導致某事發生的原因。

42 善用推理或舉例，你的話語才能被認同。

43 當我知道要做某事的理由，才有幹勁去實行。

44 讓屬下了解委託任務的理由，就能提高他的幹勁。

45 在得知商品的資訊後，我才會對它感興趣。

46 對話的說服力，在於告知其利益與雙贏方式。

47 只要提出正當理由，就具有說服力。

48 專業知識加上實踐體驗與情緒，就是工作現場的智慧。

49 我和自己的關係，是人際關係的基礎。

50 在引導他人行動之前，要先引導「自己」的行動。

前言

在經營事業與進行商業活動之前，你研究過人心嗎？

「要怎麼樣才能帶動他人？」

各位每天在工作時，腦袋中是否浮現過這樣的疑問？

經營與商業就是引導他人的行動。

員工與屬下這樣的「人」。

顧客這樣的「人」。

其他還有進貨對象、外包對象，以及公司之外的合作夥伴等形形色色的「人」。

從事經營與商業的人，必須讓這些「人」動起來，以創造經濟的流動；他們與「人」見面、對話、寄送電子郵件、製作文件，每天都在進行各式各樣的活動。

林肯曾經說過一段話，後來流傳於世：「如果給我六個小時砍樹，我應該會先用四個小時把斧頭磨利。」

這句話蘊含了這樣的涵義：與其在不磨利斧頭的情況下，持續花六個小時砍樹，不如先把斧頭磨利了再砍，這樣才能早一點把樹砍倒。也就是說，與其吝於把時間花在準備上，並在毫無準備的狀況下處理事情，不如花時間充分做好準備，才能迅速得到確實的成果。

那麼，經營與商業上的準備是指什麼？

既然經營與商業就是引導他人的行動，那麼對於「要怎麼樣才能帶動他人」這件事，「加深對人心的理解」是其中一個必要準備吧。

對於人心的了解，是成功的基石

「如果想在公司經營上獲得成功，就得了解人類的本質，知道『原來人類就是這樣的生物』，並從這個理解出發。各位在大學時研究過人類嗎？」

這句話來自衆人稱爲「經營之神」的松下幸之助。

如果想要在社會上生存，就必須知道社會的規則，因此才要學習。

同理，如果管理時要帶人，就必須知道人心的特質。

我從高中時期就開始對人心的特質抱有很大的興趣。我閱讀了心理學與腦科學等相關書籍，並參加各種講座，獲得了一些知識。但是，那些知識要能夠活用於工作現場，才有價值。在工作現場靈活運用，並讓各式各樣的實際經驗與那些知識連結，進而讓那些知識內化成應用在各式場合的智慧。我在經營與商業的實務現場，活用自己學到的知識，一點一滴地累積成功與失敗的經驗。而我的會計師與記帳士證照資格，對於那些成功與失敗的經驗累積，發揮了很大的成效。

我因會計師與記帳士這樣的身分，接觸到許多企業的經營相關情事與商業事務，並接受過各式各樣的諮詢。通常，會計師與記帳士會收到的諮詢內容，多半與數字有關。

但是，經營者要的不只是數字，他們追求的是能夠諮詢經營相關議題的對象。

所以，我不對諮詢內容設限，接受諮詢的範圍相當廣泛。我從中感受到，經營與商業上面臨的多半是「人」的問題。

「員工」、「上司」、「屬下」這樣的人，「顧客」這樣的人。

在針對「人」的問題進行諮商時，我會以心理學、腦科學的觀點去分析並加以說明，再提出解決方法。這個方法會讓經營者以邏輯性方式理解人心的特質，再以此理解爲基礎，將之應用在工作現場。所以，這個方法一直以來都發揮非常好的效果。結果，許多經營者及管理階層的主管，都對心理學及腦科學產生了強烈的興趣。

然後，有些人領會到，自己從過往經驗培養出的人性特質體察，跟心理學與腦科學的知識有相通之處，有些人還有新的體認。

我時常收到這樣的感想：

「我在過去隱約感覺到的人性特質，從心理學來看也是正確的！」

「人確實會這樣。我懂！心理學真有趣。」

像這樣將工作現場的感覺與心理學連結在一起，就能讓經營與商業誕生出新的可能性。

某位營業部長曾經很高興地對我說：

「聽了藤田先生講的心理學後，我才知道就心理學來看，自己過去跑業務的方式都很正確，總覺得滿高興的。用理論來說明自己過去憑感覺做的事，可以同時整理腦袋裡的想法，我覺得很有趣。過去，我一直都不知道該怎麼教屬下跑業務，現在多虧了心理學，我總算可以好好教導屬下了。」

我也從許多人那裡聽到這樣的感想：

「加深自己對人心的了解後，我的業績就變好了，工作和人際關係都變得很有趣。」

「學習有關人心的知識後，我和屬下之間的關係就改善了，自己的心情也變輕鬆了。」

另外，從自己的經驗來看，我清楚地明白要讓經營與商業成功，對於人心的理解是不可或缺的。

爲了在今後的時代生存下去，我感覺這件事變得更重要。

為了在快速變遷的時代中生存

少子化、高齡化、全球化、機械化。

今後，日本無法迴避這些趨勢。尤其將來機械化的速度，會因人工智慧及技術的快速進步，而更加快腳步。一個軟體的誕生，就能讓一種商業模式消失，並且讓相關的工作者失業。這種凡事都不足爲奇的時代已經來臨了。

許多經營者對我說：「別說十年後、五年後了，現在連三年後的狀況都沒辦法預測。」

「你敢說自己的工作在三年後還會存在嗎？」一旦被這麼問時，無法充滿自信地回答「會」的人愈來愈多了。

搭載人工智慧的機器以更快的速度進化著，過去只有人類才能做的工作，在未來，機器也都做得到。企業能藉此大幅削減成本，業務執行的正確性與速度也能大幅提升。最後，機器就會取代人工。可以想見那樣的案例在今後將會不斷出現。如今，正是環境以前所未有的速度發生變化的時代。

那麼，爲了要在那樣的時代中生存，現在該做些什麼準備呢？

要給出明確的答案並不容易，不過，思考的準則是：不論環境產生多少變化，工作都是以人類爲對象，這件事並不會改變。另外，在普遍認爲難以機械化的工作中，其中一個就是面對人心的工作。

這類工作包括了：配合對方的情緒與之應對、發揮領導能力以整合團隊、協調人際關係好讓事情有所進展、交涉、商業談判和人才培育，以及建立那些工作所需要的信任關係。今後，人類應該會從機械化的工作，轉而從事難以機械化的工作。因此，我認爲若要在今後的時代生存下去，最重要的準備就是：加深自己對人心的理解。

基於這些因素，我想讓更多人理解人心，便設立了「一般社團法人日本經營心理師協會」，並以經營與商業的實務現場會碰到的人心特質爲主題，舉辦管理心理學的相關講座、企業進修課程、演講等活動，並執筆寫作。

起初，曾經有人對我說：「由會計師來教心理學？實在莫名其妙。」

我也曾經受到冷淡的對待。即使如此，我依舊抱持著「若要改善經營與商業，就不能缺乏對人心的理解」的想法，踏實地活動至今。之後，這些活動漸漸有了口碑，現在已經獲得許多人的支持，受到媒體報導的機會也愈來愈多了。

我想，一般人聽到「管理心理學」，應該都會將之理解爲經營公司或事業用的心理學，或是跟商業有關的心理學，而我則賦予了管理心理學另一個意義。

那個意義就是經營「自己」的心理學。看了形形色色的公司經營與商業狀況後，我認爲，能否經營自己，與能否經營公司及商業，是成正比的。因此，我傳達的管理心理學，中心思想是讓人能夠經營「公司與商業」這種外在世界，以及「自己」這種內在世界。各位將發現，這兩個世界會彼此連動，互相影響，並產生各式各樣的變化。

本書爲了協助各位提升經營與商業的成績，無論如何都想讓各位了解人心的特質，另外，也將談論至今在實務現場學到的經驗，以及相關的心理學及腦科學等知識，再加上能讓人領會人心特質的案例故事等。

如果本書的內容能讓各位增加對人心特質的理解、提升經營與商業的成績，並在未來環境劇烈變動的時代中成爲各位的助力，我會感到非常榮幸。

藤田耕司

二〇一六年六月

目次

Chapter 6 邏輯對話：理由的巨大力量……227

Chapter 1

成功商業人士都是心理專家

1-1 藉由學習人類的原理，讓人生的可能性大幅度提升

❶ 數字背後有著人性故事與人心變化

會計師、記帳士、心理諮詢顧問。

我以這些頭銜從事經營諮詢、會計稅務、企業進修及演講等工作。

「會計師、記帳士與心理諮詢顧問？把這些資格組合在一起，有什麼意義嗎？」

有這種想法的人是否很多呢？實際上，我在與人交換名片時，就常被這麼問。處理數字工作的會計師、記帳士，與處理人心工作的心理諮詢顧問，這兩者乍看之下完全相反，是彼此無關的資格組合。

然而，這個組合可以發揮非常高的加乘效果。

會計師及記帳士處理的數字，是經濟活動的結果。在那些數字的背後，有著形形色色的人性故事。員工、顧客、進貨對象、外包對象，這些人會進行溝通、感受工作價值、不安或焦躁、痛苦或愉悅、有興趣或想關注、理解或不理解；「金錢往來」這種經濟活動，會伴隨這些心境與情緒的變化而發生。也就是說，經濟活動的背後存在著人心與情緒。

因此，會計師與記帳士處理的數字，就是人心與情緒變化所創造的經濟活動，並以會計這種規則表達出來。如同美術是表達所見之物的藝術；音樂是表達所聞聲音的藝術；會計則是將人心與情緒變化所推動的經濟活動，以數字表達出來的藝術。

這些數字主要表達了過去活動的結果。經營者與領導者追求的是從數字分析公司的狀況，並讓未來的數字變好。既然數字是伴隨人心與情緒變化而來的事物，爲了讓數字漂亮，就得讓人心與情緒變好。

數字與人心彼此連結並互相牽動。

若要提升銷售額數字，就得理解顧客的心與情緒；若要提升組織效率，就必須理解員工、上司、屬下的心與情緒。若要讓數字變好，就必須擁有人心與情緒的專業知識，以及深入的洞察力與經驗。

因此，會計師、記帳士與心理諮詢顧問這種組合，能發揮相當高的加乘效果。用數字掌握過去的趨勢與現狀，並使用心理學讓人心與情緒的狀態變好，藉此讓未來的數字獲得成長。我做的就是這樣的工作。

看起來，我好像是計畫性地累積這種經歷，但事實上並非如此。說到底，我之所以能取得會計師與記帳士的資格，有賴於學習心理學與腦科學的經驗。

❷學習心理學與腦科學，讓我展開意外的人生

我是在十八歲大學考試失利後，開始學習心理學與腦科學。

我在故鄉德島縣就讀公立高中時，只是一個熱中打棒球的學生，連「偏

差值」①一詞都不知道。高中三年級時，我第一次參加全國模擬考，那時得知自己的偏差值是四十左右，也不懂這個數字是好是壞。

高三那年夏天，學校棒校隊在甲子園的縣大會預賽中落敗，我的高中棒球生涯就此劃上句號，從那時開始，我就把自己切換到讀書模式。由於過去棒球社的練習十分嚴格，所以我對體力很有自信，當時心想，只要讀書讀到體力負荷不了爲止，就能考上大學的第一志願。

第一志願的偏差值是六十三。從八月到隔年二月的這半年間，我非常努力讀書，花在上面的時間不輸給任何人。那時我只報考第一志願，並參加了三次考試。不論是考前讀書還是正式考試，我都覺得自己努力到最後一刻。

結果全數落榜，我確定要成爲重考生。不過，因爲我已經盡了全力，所以不曾感到後悔。但是，我已經那麼努力了，成績卻沒有提升多少，讓我感

① 偏差值：相對平均值的偏差數值。在日本，偏差值被視為學習水準的正確反映，成為評價學習能力的標準。通常以五十為平均值，七十五為最高值，二十五為最低值。

到非常不安，擔心是否重考也一樣考不上？

在那段苦悶的日子裡，我突然有了一個想法。

「既然讀書要用腦袋，那在讀書之前先知道腦袋的使用方式，不是比較有效率嗎？」

我立刻前往書店，購買與大腦相關的書籍，讀了之後，發現書裡提到記憶機制的相關敘述。同時，書中也記述了心理相關內容，讓我對心理學產生興趣，便開始閱讀相關叢書。當時心想：「要是早點知道這個就好了……」

之後，我根據那些書籍的內容，親身實驗什麼樣的記憶方式效果最好，並整理出一套自己的記憶法。

然後，我開始過著重考生活，並用獨有的記憶法讀書。

結果，我的成績立即提升，在夏季的全國模擬考中，得到了第一志願大學的A評等。

於是，我急忙將第一志願往上修改，改成了早稻田大學。報考早稻田大學這件事，是我在第一次考大學時連想都沒想過的。

半年後，我如願考上了早稻田大學，站在校園裡。意料之外的人生就此展開。

這個成功經驗改變了我的人生，也讓我確定一件事。

「學習心理學與腦科學等人類的原理，能讓人生的可能性大幅度提升。」

我從德島前往東京時，內心十分緊張惶恐，不知道要怎麼通過車站的驗票閘門，複雜的電車路線讓我眼花撩亂，東京標準語也讓我很不舒服，就在這樣的情況下進入大學就讀。我讀的是商學院科系，不過我仍持續自學心理學與腦科學。

學了就實踐、學了就實踐。我彷彿在進行研究般地度日，「那本書寫的就是指這個啊！」當自學的知識與實際經驗一起成爲自己的一部分時，我很高興。隨著自己內心與溝通方式的改變，人際關係及之後的發展也一點一滴地產生了變化。

當初，我以爲學習心理學之後可以操控他人，但是在我反覆實踐那些知識時，發現該操控的對象是自己，而非他人。察覺這件事後，我的溝通方式與溝通對象的反應，都產生了變化。

大學三年級要選擇未來出路時，我決定報考會計師資格，準備方式跟重考大學時一樣，採用以腦科學與心理學爲基礎的方法讀書，最後成功取得會計師資格。

高中時偏差值爲四十左右的德島棒球男，六年後在東京做著會計師的工作。這眞的是在我的意料之外。

那時，我再次深切地意識到，學習人類的原理，會讓人生的可能性大幅度提升。多虧我學了心理學與腦科學等這些與人類有關的知識，才能夠有現在的自己。

1-2 現場實務體驗與心理學產生連結，工作就會變得有趣

❶ 運用在商業現場的心理學知識是這樣誕生的

會計師與記帳士被公認為經營者的最佳諮詢對象。我擁有會計師與記帳士的資格，並以企管顧問或稅務顧問的身分，為形形色色的大小公司經營者提供諮詢服務，並接觸商業現場。會計師與記帳士接受的諮詢，大多都是與數字有關的內容，不過，我並未對諮詢內容設限，什麼樣的諮詢都接受。內容從行銷戰略到董事會的程序、組織設計的作法、人才採用、人才培育，還有經營者的私人問題，都在我提供諮詢的範圍內。

一面看財務報表，一面聽經營者的敘述，大概就能了解其公司的狀況，

也就能明白經營者的煩惱。

「想跟懂經營的人討論一下我的煩惱！」這是經營者殷切的願望。

因此，當我說出：「○○狀況令人傷腦筋。您爲此費盡辛勞了吧？」對方就會說：「唉，其實……」如潰堤般地對我訴說煩惱。

傾聽對方的煩惱時，與其說我聽的是話語，不如說是聽話語背後的心境。我會站在對方的立場，感受並想像對方所說的狀況，發揮同理心來摸索其心情變化。

情緒會感染。說話者的情緒會感染傾聽者，傾聽者會對說話者的情緒產生深刻的共鳴，進而產生同樣的情緒。接著，傾聽者的情緒會再次感染說話者。

如此一來，情緒感染的加乘效果提升，就能營造出安心訴說眞心話的「氣氛」。接著，對方就會一點一滴地說出眞心話。如果對方不說，我就無法正確掌握經營的實際狀況，最後可能會給出錯誤的建言。

有些人在說眞心話時會流淚，因爲經營者與領導者的煩惱眞的非常多。

其中有些人即使苦惱也沒有能商量的對象，只好獨自承受、隱藏情緒。若是他習以爲常，甚至會沒有自覺，讓自己陷入危險的狀態。

若是追究煩惱的根源，就會發現問題多半出在人身上。「幹部」、「員工」這樣的人；「顧客」、「進貨對象」這樣的人；「自己」這樣的人。接著，就會挖出與人相關的醜惡情事。縱使外表裹著光鮮亮麗的品牌，往裡頭一看，就會發現內部充滿了黑暗。

經營的實際情形往往都是如此。

在公司裡，有著形形色色的人際關係網絡、喜怒哀樂與眞實情緒。

我接觸商業現場的人際關係網絡和眞實情緒，然後他人向身爲企管顧問的我尋求意見，接著，我運用心理學與腦科學的知識提供建言，之後再觀察商業現場的反應。對於能運用在商業現場的人心特質知識，我採取的研究方法是：親自體會各式各樣的情緒，一邊反覆試行錯誤，以得到相關發現。

過程中，我發現一件事。在解決各種經營與商業問題時所發現的人心特質，通用性很高，面對乍看完全不同的問題，只要置入人心特質去思考，就能找出解決方法。

比方說，在行銷領域發現的人心特質，也可以用來提升屬下的幹勁；或是能協助領導者與屬下建立信任關係的重要人心特質，也能直接運用在業務洽談方面。

發生問題的領域，諸如領導、人才培育、行銷、跑業務等，範圍相當廣泛，不過與各種問題有關的都是人，人心的特質是共通的。

換言之，學習人心的特質以後，不論是何種領域，只要是與人相關的問題，便能透過這些特質找出解決方法。

「如果想在公司經營上獲得成功，就得了解人類的本質，知道『原來人類就是這樣的生物』，並從這個理解出發。各位在大學時研究過人類嗎？」

我在「序言」中介紹松下幸之助的這段話，目的就在於此。

❷ 知道人心的特質，便能百戰不殆

我覺得能在經營與商業上拿出好成果的人，對於人心都有深刻的觀察。縱使不是以心理學這種學問的形式學習，也會依過往人生經驗在內心累積了感知與直覺。建立在這種感知與直覺上的判斷和行動，抓住了顧客及員工的心，最後反映在經濟活動所衍生的數字上。擁有那種感知與直覺的人們，可以說是心理專家。

有位社長因為討厭讀書而沒念大學，在十幾歲時就創業，公司經營持續十五年以上，銷售和利潤不斷增加。他並不懂得心理學知識，不過在醜惡的經營現場所累積的經營主張，正是未經雕琢的心理學。他不使用心理學的專有名詞，而是使用自創的、簡單易懂的語詞，來講述顧客與員工的人心變化。他擁有非常敏銳的人心洞察力。

有一次，我試著向那位社長講授簡單的心理學，結果他高興地說：「原來我一直以來無意間做的事，從心理學來看也是正確的啊！」

像這種將經營現場的感覺與心理學知識重疊後，發現兩者完全吻合的案例，會讓人覺得這門學問非常有意思。愈是深入學習，就愈覺得經營與商業更深奧、更有趣了。

「知彼知己，百戰不殆。」

這是中國春秋戰國時代《孫子兵法》中的一句話。

這個想法也適用於現代經營與商業上。如果能了解顧客這種「人」，員工、上司、屬下這種「人」，還有自己這種「人」，那麼經營及商業活動也會百戰不殆。

經營與商業，就是引導他人的行動。

這種時候所需要的人心特質知識，對提升經營與商業成果而言，也有很大的意義。

我從這個觀點出發，以頻繁運用於商業現場的心理學與腦科學等知識爲主，用現場案例搭配學問知識，盡可能系統性地整合成管理心理學，再舉辦講座與進修課程，將管理心理學傳達給大家。

另外，我在〈序言〉也提過，我將「管理心理學」一詞定義爲：讓經營者持續經營公司與事業的心理學、與商業相關的心理學，以及經營「自己」的心理學。

看了各種公司的經營狀況與商業情形後，我認爲，能不能經營自己，基本上與能不能經營公司和商業成正比。因此，我所傳達的管理心理學，中心思想是讓人能夠經營「公司與商業」這種外在世界，以及「自己」這種內在世界。然後，只要這兩個世界彼此連動影響，就會產生各式各樣的變化。

從下一章開始，我將講述這些內容的基礎。

1-3 人工智慧搶奪人類工作的時代

學習人心特質這件事的意義，與科技進步也有很大的關係。

看到新機器開發出來的報導時，我會產生好奇心，覺得「好厲害」或「這樣很方便」，不過，近年來，我對這種報導所產生的恐懼感，已經超越了好奇心。

開發機器的主要目的在於：一、減少人類在時間與勞力上的耗損，二、用機器做人類辦不到的事；若是如此，第一項的目的意謂著機器會奪走人類的工作。

近年來，人類正在開發結合人工智慧、認知系統和大數據，而能夠進行狀況理解、判斷、行動等一連串流程的機器。

這種技術讓機器能夠做到過去只有人類才做得到的工作，一般預期這個趨勢今後將會更快速地發展下去。

「積體電路晶片上的電晶體密度，每十八至二十四個月就會倍增。」

這是英特爾公司的共同創辦人高登．摩爾（Gordon E. Moore）提出的定律，人們將之稱爲「摩爾定律」（Moore's law），是代表機器進化速度的一個指標。

速度一在十八個月後會變成二；再過十八個月後，二就會變成四；四會變成八；八會變成十六。即使數字一開始很小，只要反覆倍增十次後，速度就會變成一〇二四；反覆二十次後，就會變成一〇四萬八五七六；反覆三十次後，就會變成一〇億七三七四萬一八二四。

機器的進化就這麼加速進行。因此，據說在今後的時代，業務機械化將以過往無法比擬的速度發展。換言之，這意謂機器奪走人類工作的速度，也會迅速提升。

從事人工智慧研究的英國牛津大學中，有一位副教授麥可．奧斯本

（Michael Osborne）對此下了結論：今後的十年至二十年，美國整體大約四十七%的受雇者，其工作性質可透過機器轉爲自動化的可能性相當高。換言之，在今後的二十年內，美國國內半數的現存工作，很有可能會消失。

容易被機器取代的工作，以及不容易被機器取代的工作。

在接下來的時代，這兩種類型的工作分類將會變得很重要。大家要辨別自己現在的工作，或是之後打算從事的工作是哪種類型。

在考慮個人職涯時也是一樣，自己要累積不易機械化的工作經驗，並磨練不易機械化的技能，這種意識將會變得很重要。另外，預估多數營業額會因機械化而消失的企業，需要立刻在不易機械化的領域中建立新的商業模式。實際上，就算只看我身邊的例子也一樣，最近著手建立新商業模式的經營者，突然增加了。

那麼，不易機械化的工作是什麼？當然，只要我們無法推測出今後機械化的狀況，就無法明確列舉出哪些工作，不過有一點是確定的，那就是人類具備而機器所缺乏的，正是處理心理與情緒的工作。

ＭＩＴ史隆管理學院（MIT Sloan School of Management）的經濟學教授艾瑞克．布林優夫森（Erik Brynjolfsson），與該學院數位商業中心的首席研究科學家安德魯．麥克費（Andrew McAfee），在著作《與機器競賽》（*Race Against The Machine*）中這樣描述：

「在軟技能之中，領導力、團隊組織力、創造性等能力的重要性，不斷在增加。這些項目最難用機器自動化，而且在充滿創業家精神的活力經濟中，是需求最高的技能。」

發揮領導力，整合團隊；建立信任關係；反覆交涉，將相關發展引領至雙贏的方向；協調人際關係，讓事物有所進展；培育他人；鼓勵他人、賦予他人勇氣、提升幹勁；創造出讓人感動的作品。

這種面對人心與情緒的工作難以被機械化，並將隨著機械化的發展而備受矚目。人應該會從機械化的工作，轉移至難以機械化的工作。

另外，不只是機械化，少子化、高齡化及全球化，都是今後無法迴避的趨勢，接下來的時代將面臨前所未有的快速變化。

不過，無論時代與環境產生多大的變化，經營與商業是以「人」爲對象的這一點並不會改變。「人」的人心特質也不會改變。因此，我認爲在新資訊與新知識不斷誕生到令人麻痺且變動劇烈的時代中，學習人心特質這種不變的知識，就更有意義。

爲了迎接未來變動劇烈的時代，我們應該做些什麼？

我覺得其中一個答案就在於此。

Chapter 2

引導他人行動的四個要素

2-1 「傳達什麼」與「由誰傳達」

經營與商業，都是以「引導他人的行動」爲目的。

員工、上司、屬下、顧客；其他許許多多的利害關係人。如果能夠引導他人的行動，讓對方與自己都變得富足，成果與數字就會跟著提升。

我認爲，引導他人行動的能力，一言以蔽之就是「影響力」。這世界上，有著在經營現場發揮強大影響力並引導他人的領導者，也有不具影響力的領導者。

「這種影響力的差距是如何產生的？」

我以企管顧問或稅務顧問的身分，在經營與商業現場看過留下出色成績的經營案例，以及苦於困境的經營案例。我觀察這兩種領導者，並對他們的溝通方式及作法產生一種強烈的感覺，那就是發揮強大影響力的人所採取的溝通方式及作法，即使從心理學與腦科學的觀點來看，也非常合理。

發揮強大影響力並留下優秀成績的領導者，對人心的感受度很高，他們會將感受到的事情反映在自身言論與行動中，同時站在領導者的立場，採取適合該團隊或組織的行爲。

人心感受度憑藉的是感覺，若將這種感覺與心理學、腦科學等知識相互對照，能讓人更明確地意識到這些感覺。爲了協助各位鍛鍊這種感覺，以及掌握發揮影響力的溝通方式及正確作法，接下來，將介紹我在經營與商業現場所感受到的事情，以及心理學、腦科學等內容。

信任會讓對話擁有力量

發揮影響力的溝通方式是什麼?我認爲在思考這個問題時，首先要注意的是「傳達什麼」與「如何傳達」。的確，傳達內容與傳達方式的差異，會大大地改變對方的反應與行爲。只是，影響力不會僅憑「傳達什麼」而決定。還有其他各種要素會與之互相影響。其中，特別重要的要素是「由誰傳達」。

依不同的狀況，有時候「由誰傳達」會比「傳達什麼」更具影響力。

舉個例子，公司股票上市上櫃的知名企業主對你說：「你有認眞工作嗎？」跟一個連打工經驗都沒有的大學生對你說：「你有認眞工作嗎？」雖然都是同一句話，但是你聽到的感受應該大不相同吧？

或是長年受其照顧的恩師對你說：「你能協助我的工作嗎？」跟過去曾經欺騙你的某個熟人說：「你能協助我的工作嗎？」雖然都是同一句話，但是你的判斷應該會完全不同。

這個「由誰傳達」的影響力從何而來？這個問題的解答有各種可能性，而我認爲「有無信任感」的影響相當大。人們對於不信任的人所說的話，根本聽不進去。因此，在不具信任感的狀態下，言語幾乎毫無力量。另一方面，自己若能獲得對方的信任，所說的話就具有力量。讓言語擁有力量的，就是信任感。

獲得信任這件事能帶來多大的影響力，關於這一點，我記得一個故事。

一位培育出Guts石松、井岡弘樹等六名世界拳擊冠軍的知名教練，名叫艾德華・湯森德（Edward Townsend）。有一年，他到日本參訪，當時的教練都習慣採用竹刀敲打選手的嚴格訓練方式，而他則直截了當地否定這種作法，並貫徹用「心」培育選手的風格。

在每一場比賽結束後，他不會去參加獲勝選手的慶功宴，而是陪在落敗選手身旁。

「選手贏了之後，會有很多朋友在身邊，所以我不在現場也無所謂。但是，誰來鼓勵打輸的選手？我會站在落敗選手的這一邊。」

比起稱讚獲勝選手，他以關懷落敗選手為優先。

「贏的時候，會長會在拳擊擂台擁抱選手；輸的時候，則由我來擁抱選手。」

他與落敗選手一起體會失敗的痛苦、不甘及悲傷，並且鼓勵選手。

沒有什麼事情比落敗時受到的關懷，更讓人感動。

另外，據說他在判斷場上的選手不可能獲勝後，丟毛巾的時機比其他教練都還要早。

「不打拳的人生還很長。受傷的選手要由誰照顧？讓選手平安回家，也是我的工作。」

他用「心」對待選手，藉此獲得選手的深厚信任。備受信任的他，所說的話就擁有打動選手的強大力量。

在這種指導方式下，他培育出六名世界冠軍。

在獲得對方的信任後，不用說太多也能打動對方、引導對方的行動。

因此，以「傳達什麼」爲前提的情況下，「由誰傳達」的影響相當大。

我將「傳達什麼」這種溝通內容的要素稱爲「對話」；「由誰傳達」這種溝通主體的要素稱爲「信任」。這裡所說的「對話」，是指如果需要引導對方的行動，自己必須傳達什麼的相關要素；「信任」則是如果要讓對話的內容擁有力量，如何與對方建立信任關係的相關要素。

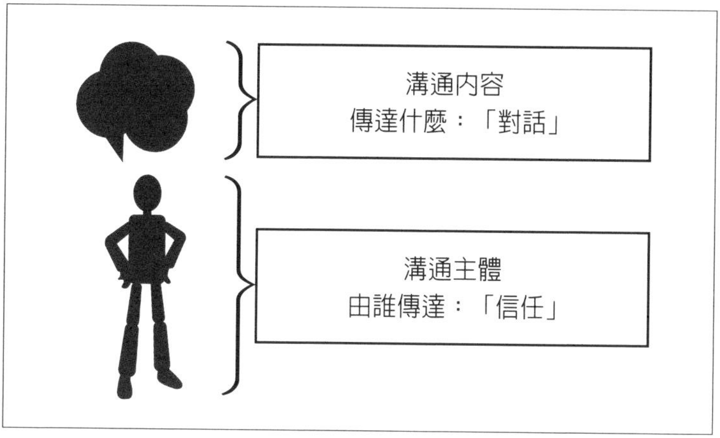

信任會讓對話擁有力量，不具信任的對話則沒有意義。信任與對話就是這樣的關係。

從影響力的觀點來看，爲了提高實效性，在思考「對話」與「信任」時，有件事一定得納入考量。那就是頭腦的性質。

在經營與商業中，人想要發揮影響力的對象是他人，而掌管人類語言與行爲的是腦部。因此，爲了讓「對話」與「信任」的各個要素都能發揮影響力，並擁有良好的實效性，必須將腦部的特質納入考量。

接下來，我想帶大家了解頭腦的特質。

2-2

情緒腦與理性腦，共存於腦部

近年來，隨著腦科學研究的發展，許多腦部機能與人心特質的相關情況，逐漸變得明朗。或許一談到頭腦的話題，就會讓人感覺好像很難懂，不過，我會濃縮重要的部分，簡潔扼要地爲各位說明。

人類的腦部由大腦、腦幹、小腦等部位組成，大腦占其中的八成。在大腦中，具有掌管本能、情緒、感情、記憶等功能的大腦邊緣系統（limbic system），以及掌管語言、智慧、合理性、邏輯性、數字、複雜情緒、創造性等功能的大腦皮質（cerebral cortex）。

大腦邊緣系統位於大腦核心，稱爲「本能腦」、「動物腦」。另一方面，大腦皮質發展成包覆大腦邊緣系統的模樣，稱爲「社會腦」、「人類腦」。因此，人類的腦部共存著性質相反的部位。

本書爲了簡化敘述，就將大腦邊緣系統的核心，也就是掌管感情、情緒的部分，稱爲「情緒腦」；並將大腦皮質中掌管語言功能，以及智慧、合理性、邏輯性、理性等功能的部分，稱爲「理性腦」。

擁有相反性質的情緒腦與理性腦，在人們進行溝通時，會依各自獨有的標準來判斷是否要接受溝通內容。

情緒腦的判斷標準爲「愉快或不愉快」，負責「感覺」到的事物。

「愉快」有開心、快樂、有趣、舒暢、心情愉悅等這樣的情緒。

「不愉快」則有悲傷、痛苦、寂

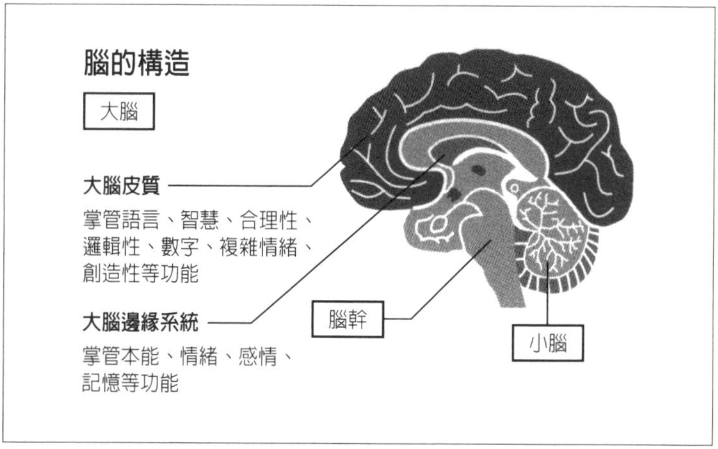

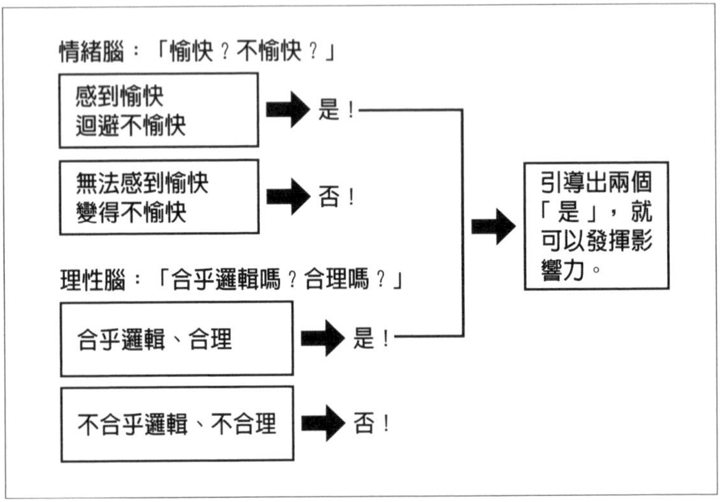

寞、憤怒、不安、感覺差、無聊這樣的情緒。

人類擁有形形色色的欲望。基本上，當欲望獲得滿足時，人類就會感到愉快；欲望未獲得滿足時，就會感到不愉快。情緒腦在溝通中感到愉快時就會說「好」，感到不愉快時就會說「不好」。此外，當情緒腦認爲可以迴避不愉快時就會說「好」，覺得愉快即將消失時就會說「不好」。

另一方面，理性腦的判斷標準則是：「合乎邏輯嗎？合理嗎？」

理性腦追求理由與根據，會判斷邏輯成不成立、有沒有道理。此外，理性腦會斟酌內容、分析、預測、比較探討等等，進行合理的判斷。只要判斷溝通具有邏輯性、合理性，理性腦就會說「好」。

因此，人類在溝通時會對情緒腦與理性腦的判斷進行綜合考量，接著再決策並展開行動。這種方式讓人類能保持社會生活的秩序，又能身爲一個個體生存著，兩者取得了平衡。

基於這樣的腦部構造，若要發揮引導他人行動的影響力，就必須在溝通時讓對方的這兩種腦都說「好」。

2-3 打動情緒與展現合理性的對話

由於人類有情緒腦與理性腦這兩種判斷標準，所以對話的「傳達內容」要顧及情緒面的「感覺愉快嗎？不愉快嗎？」及邏輯面的「有邏輯嗎？合理嗎？」這兩個標準，是很重要的。

我將前者帶來愉快感受、除去不愉快感受，讓情緒腦說「好」的對話，稱為「情緒對話」。

另一方面，我將具有邏輯性、合理性、前後一致，讓理性腦說「好」的對話，稱為「邏輯對話」。

在對話時，若要讓對方接受自己所說的話，就必須兼顧情緒對話與邏輯對話。

比方說，在交涉商業契約時，縱使自己恭敬有禮且情緒豐富地講述該契約將帶來多好的發展，使對方感到愉快，而讓他的情緒腦說出「好」，但是對方的理性腦仍會確認金額、內容、契約條件、同業其他公司的資訊等，並思考預算與銀行帳戶餘額。當他的理性腦判斷自己要支付的金額不合理時，就不會說「好」。

相反地，縱使金額、內容、契約等條件出色，讓對方的理性腦說「好」，但是口氣或態度讓對方不滿，或者就感覺來看，對方感受不到契約內容的魅力，對方的情緒腦就不會說「好」。

換言之，當交涉契約的對話既是情緒對話，也是邏輯對話時，這兩種腦就會說「好」，接著對方就會在契約書上簽字。

溝通的內容
傳達什麼：「對話」

- 情緒腦：「愉快？不愉快？」
  →情緒對話：刺激愉快情緒
- 理性腦：「具邏輯性嗎？合理嗎？」
  →邏輯對話：談話要具邏輯性與合理性

有些人能與上司、屬下、顧客、公司之外的合作夥伴等人，建立良好關係，並協調人際關係以使工作能順利進展。我覺得這些人非常善於兼顧情緒與邏輯對話，他們會一邊讓對方的心情變好，一邊在對話中穿插動人的話語，並以具邏輯性且簡單易懂的方式，說明有利的提案。

在做自我介紹時也是一樣，讓他人的情緒腦與理性腦都說出「好」的自我介紹，會讓人產生好感。

在商業場合中，幾乎所有人都會說出自己的姓名、公司名稱、做什麼工作。不過，只說這些內容，就是普通的自我介紹，各位應該也很少聽過「講得眞好」的自我介紹吧！

那麼，什麼樣的自我介紹會讓人感覺「講得眞好」？那就是會打動情緒的自我介紹，讓人聽了覺得有趣、開心、有共鳴、親切等。

像是情緒豐富的說話方式，或者幽默、誠實、獨特的說話方式，都可以打動他人，或者也能藉由講述者本身的經驗或想法去感動他人。

我曾經聽過一位商業人士這樣介紹自己：

「大家好，初次見面，我是○○股份有限公司的○○，我的工作是△△。有件事說來有些丟臉，其實昨天我跟太太吵架了，我不僅晚餐沒得吃，太太連早餐也沒有幫我準備，所以今天幾乎什麼都沒吃。我現在肚子餓得咕嚕咕嚕叫，可能會很吵，先向大家致歉（笑）。

雖然我太太讓我吃了這種苦頭，但其實我有個小小的夢想。我太太一直想去義大利旅遊，所以我的夢想是跟太太一起去義大利。為此，我瞞著太太，每個月一點一點地存私房錢。存私房錢聽起來或許很窮酸，但是我會為了這個小小的夢想努力存錢的（笑）。希望大家不嫌棄，請多多指教。」

他說完後，與會者紛紛為他鼓掌。這個自我介紹也讓我印象深刻。

姓名、公司名稱與工作內容等說明，是理性的部分；家裡的私事與夢想則是情緒的部分。若是缺乏理性部分，根本就不算是自我介紹。但若是缺乏情緒部分，就少了趣味性。兩者兼具的自我介紹，才會在他人心中留下深刻的印象。

2-4 性格可信任者、能力可信任者

若要讓對話擁有力量，並發揮影響力，溝通者必須得到談話對象的信任。從情緒腦與理性腦的性質來看，信任也有情緒面和理性面。我將前者稱爲「性格信任」，後者稱爲「能力信任」。

性格信任，是關於人品與性格的信任。

能力信任是關於個人能力的信任，判斷依據有以下這些項目：實際工作方式、過往實際成績與經驗、他人評價、地位、頭銜、證照資格、執照、學歷、年齡等等。

舉例來說，某個人如天才般優秀，又擁有敏銳的觀點，能夠快速完成工作，在能力方面値得信任；不過，這個人做事不講情面又態度高傲，因此在性格方面並不值得信任。

另一個人的工作表現並不特別出色，做事不得要領，在能力方面不太值得信任；不過，他的人品頗佳，待人誠實，也具有責任感，在性格方面值得信任。

各位身邊是否也有類型各異的人？

還有那種工作能力很強，卻始終無法獲得升遷的人。

這種人之所以無法獲得升遷，是因爲周遭人雖然信任他的工作能力，卻不信任他的性格。無法讓他人產生性格信任的人，若是身居高位，就會削弱團隊成員的幹勁，如此一來很可能會導致組織衰退，因此，經驗豐富的評鑑者不會提拔這樣的人。

溝通的主體
由誰傳達：「信任」

- 情緒腦：「愉快？不愉快？」
  →性格信任：關於性格與人品的信任
- 理性腦：「具邏輯性嗎？合理嗎？」
  →能力信任：關於能力的信任

另外，有一種人雖然藉由招待而與客戶之間打好關係，卻遲遲無法讓客戶同意簽約。這種情況或許是因爲此人獲得了性格信任，卻沒有得到能力信任。無論客戶覺得這個人有多好，只要無法信任他的工作能力，就不會想要委託他。

我想，前者與後者應該都感覺得到自己難以與工作對象建立深切的信任關係。在經營與商業中，若要與他人建立深切的信任關係，就必須得到性格信任與能力信任。

至於哪種信任更受重視，得視業務內容等要素而定。

長期與人密切接觸且不需要特殊能力的業務，比較重視性格信任。另一方面，不需要與他人溝通，只需公事公辦、發揮特殊能力的業務，則比較重視能力信任。

因此，若從影響力的觀點來思考溝通，關於「傳達什麼」的「對話」，分爲情緒對話與邏輯對話；關於「由誰傳達」的「信任」，分爲性格信任與能力信任。左頁的體系圖中，把影響這四個要素的項目整合列出。

體系圖

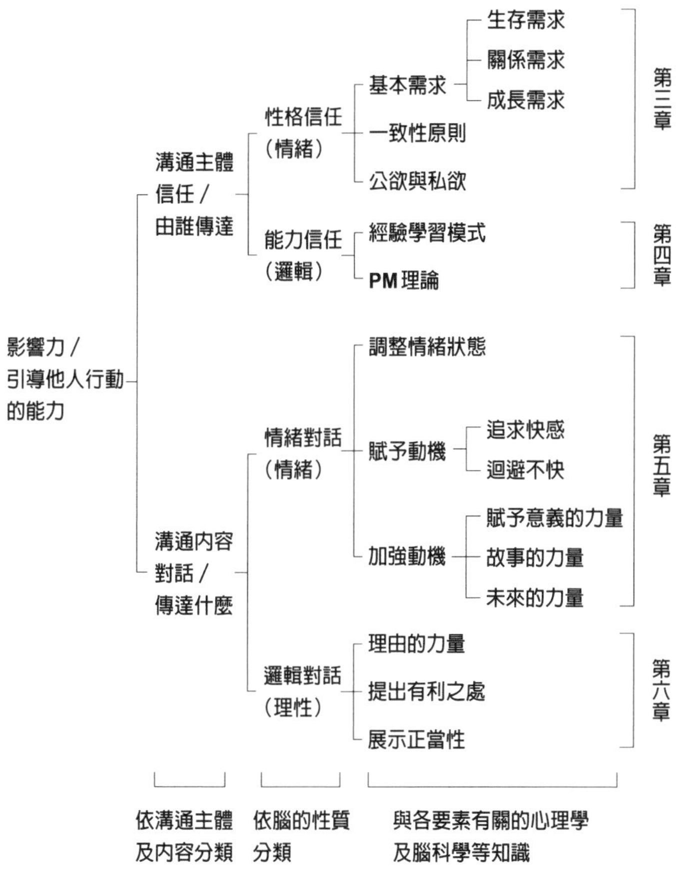
影響力／引導他人行動的能力
溝通主體信任／由誰傳達
溝通內容對話／傳達什麼
性格信任（情緒）
能力信任（邏輯）
情緒對話（情緒）
邏輯對話（理性）
基本需求
生存需求
關係需求
成長需求
一致性原則
公欲與私欲
經驗學習模式
PM理論
調整情緒狀態
賦予動機
追求快感
迴避不快
加強動機
賦予意義的力量
故事的力量
未來的力量
理由的力量
提出有利之處
展示正當性
第三章
第四章
第五章
第六章
依溝通主體及內容分類
依腦的性質分類
與各要素有關的心理學及腦科學等知識

後續章節的內容是有關「引導他人行動之影響力」的心理學及腦科學等，我想在其中穿插運用於屬下與客戶的案例，並分別以性格信任、能力信任、情緒對話、邏輯對話這四個觀點來講述。有沒有「信任」，對於「對話」而言是十分重要的前提，所以我會先在第三章、第四章講述「信任」，之後再於第五章、第六章講述「對話」。

另外，我想將經營與從事商業活動的重點，以「領導人心法則」這樣的形式統整出來。

Chapter 3

性格信任：人類本能所追求的事物

3-1 人類擁有的三種基本需求

❶ 什麼樣的人能獲得性格信任

性格信任是關於人品與性格的信任。

若要發揮影響力、引導他人行動，性格信任是不可或缺的。

曾經有人找我商量過這種事：「屬下不聽話，我該說什麼才能讓這種屬下乖乖聽話？」

對方不聽話的原因，多半不是在於「說什麼」，而是「是誰說」。換言之，原因出在於說話者沒有取得對方的信任。

在缺少信任的狀況下，不論說什麼，言語都不具有力量，所以對方才會聽不進去。因此，重點在於自己要如何獲取對方的信任。

體系圖

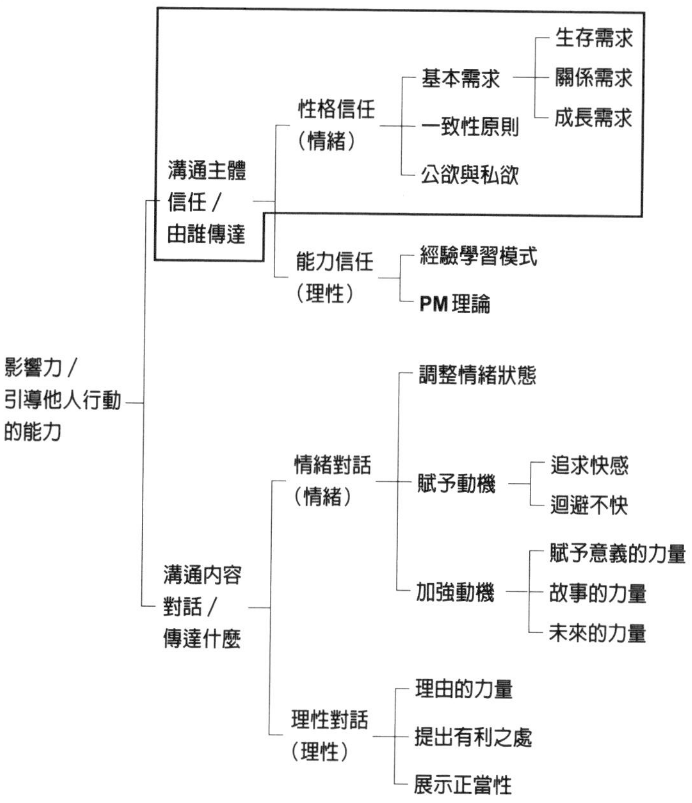

影響力／引導他人行動的能力
溝通主體信任／由誰傳達
性格信任（情緒）
基本需求
生存需求
關係需求
成長需求
一致性原則
公欲與私欲
能力信任（理性）
經驗學習模式
PM理論
溝通內容對話／傳達什麼
情緒對話（情緒）
調整情緒狀態
賦予動機
追求快感
迴避不快
加強動機
賦予意義的力量
故事的力量
未來的力量
理性對話（理性）
理由的力量
提出有利之處
展示正當性

所以，想要發揮影響力時，在關心「言語」之前，要先關心「關係」，從獲得對方的信任起步。

本章要談的是：如何獲得性格信任。

什麼樣的人才能讓人感受到性格信任？

其答案五花八門、因人而異，難以用理論或道理做出單一定義。

我在舉辦以經營者與商業人士爲對象的講座、演講與進修活動時，會與聽眾討論形形色色的主題。其中也有這樣的主題：「什麼樣的人能讓人感受到性格信任」。另外，我在進行各種經營諮詢時，也會向經營者與商業人士請教同樣的問題，聽取他們的意見。

那些討論與回答可做爲性格信任的一種思考角度，相當有趣且值得參考。以下是經常出現的答案：

- 認同我的人
- 與我有共鳴的人

- 能理解我的人
- 爲了我好而責備我的人
- 不會表裡不一的人
- 有始有終的人
- 會說眞心話的人
- 會顧慮他人的人
- 善於照顧他人的人
- 具包容力的人
- 會提醒我的人
- 給予我成長機會的人
- 言出必行的人
- 遵守承諾的人
- 懂得同情體貼的人
- 具有付出精神的人
- 謙虛的人
- 不矯揉造作的人

這些回答可分類爲以下項目：

一、認同我、理解我等，給予我肯定評價而關係緊密的人。

二、會提醒我、爲了我好而責備我等，讓我成長的人。

三、不會表裡不一、遵守承諾、言出必行等，言論與行動一致的人。

四、有付出的精神、善於照顧他人、懂得同情體貼等，爲他人著想的人。

我將這些真實想法置入心理學理論思考後，有了非常有趣的發現。接下來，我將以這些回答爲基礎，講述攸關性格信任的心理學內容。

❷改良馬斯洛的需求層次理論

性格信任擁有情緒性質，因此與「是否愉快」這樣的判斷標準，有著深切的關係。

「是否愉快」的反應，則與人類擁有的需求有關。人在需求獲得滿足時會感到愉快，沒獲得滿足時會感到不愉快。需求的種類極多，不過，美國心理學家亞伯拉罕・馬斯洛（Abraham Maslow）針對人類擁有的基本需求，提出「需求層次理論」（Maslow's hierarchy of needs），列舉的需求如下：

- **生理需求**：爲了維持生命而產生的飲食、睡眠、排泄等本能需求。
- **安全需求**：欲確保安全而不使生命受威脅的需求。

- **社會需求**：追求情感方面的人際關係、追求歸屬於團體或組織等，想要迴避孤獨的需求。
- **尊重需求**：希望他人或團體認同自己很優秀或具有價值，也希望能如此自我認同的需求。
- **自我實現需求**：想要將自己擁有的能力或可能性發揮至極限，想要具有創造力的需求。

需求層次理論說明，生理需求是層次最低的需求，人在生理需求獲得滿足後會產生安全需求，安全需求獲得滿足後會產生社會需求，也就是在低層次需求獲得滿足後，就會產生高層次的需求。

但是，我覺得在經營和商業現場活化組織與改善人際關係時，實際上無法這樣分析他人，像是：「現在這個人是處於社會需求滿足的狀態嗎？若是如此，下一個要滿足的就是尊重需求嗎？」要正確掌握他人的需求滿足到什麼層次，幾乎是不可能的。

我認爲這種知識必須要能夠運用於商業現場，並讓現場產生變化，因此應該重視其實用性。

基於這個觀點，我在商業現場運用的是美國心理學家克雷頓・阿德佛（Clayton Alderfer）提倡的「ERG理論」，該理論是將馬斯洛的需求層次理論改良後發展而成。

ERG取自以下三種需求的單字首字母：

- **Existence（生存需求）**：生存所需之物質性、生理性需求；食物與居住環境等需求；薪資、勞動條件、安全的職場環境等需求。
- **Relatedness（關係需求）**：想跟家人、朋友、上司、同事、屬下以及其他重要的人，擁有良好人際關係並獲得認同的需求。
- **Growth（成長需求）**：想在自己有興趣的領域中提升能力並獲得成長，以及克服不擅長領域的需求；想讓自己變得具有創造力或生產力的需求。

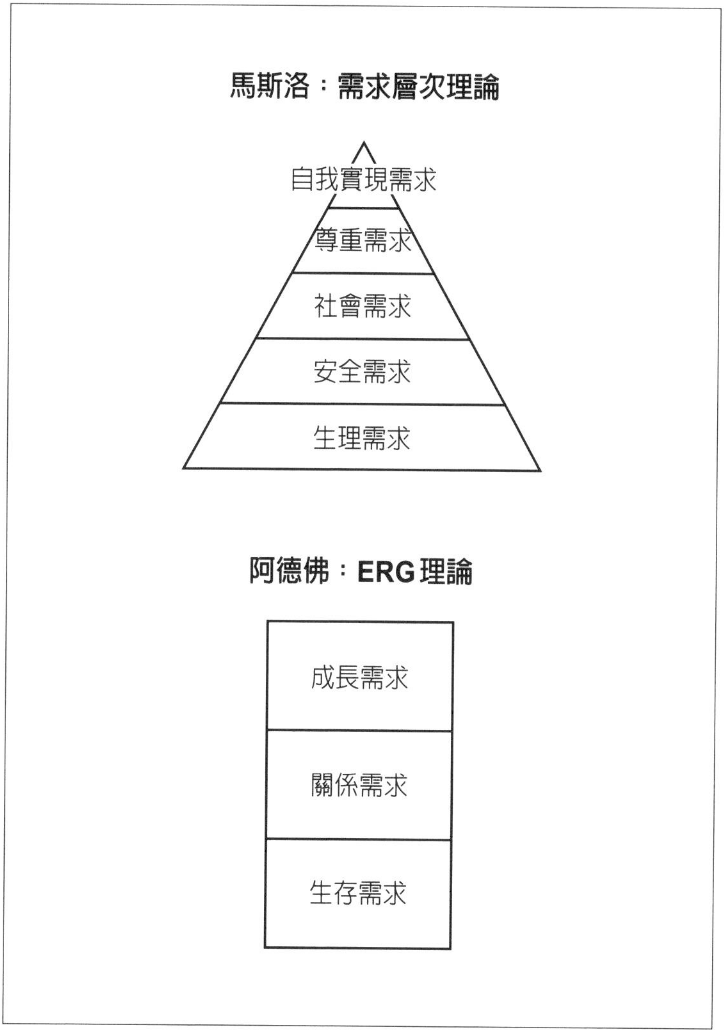
馬斯洛：需求層次理論
自我實現需求
尊重需求
社會需求
安全需求
生理需求
阿德佛：ERG理論
成長需求
關係需求
生存需求

阿德佛說明，在現代這種安穩的環境中，人類不會像馬斯洛需求層次理論說明的那樣，在下層需求獲得滿足後，才會產生上層需求，也有三種需求共存的可能。

阿德佛的ERG理論比馬斯洛的需求層次理論更簡單，並且更貼近商業現場。所以，對我而言也是易於運用的模式，它能實際在活化組織與改善人際關係上，發揮相當大的效果。

其中的關係需求、成長需求，與前面提及的討論結果第一、二項對應。

一、認同我、理解我等，給予我肯定評價而關係緊密的人。→能滿足自己關係需求的人。

二、會提醒我、爲了我而責備我等，讓我成長的人。→能滿足自己成長需求的人。

將這個ＥＲＧ理論置入經營與商業的人際關係來看，我判斷人們應該會從以下這種人身上感受到性格信任：能夠以令自己滿足的勞動條件支付薪水（生存需求），且彼此擁有良好關係，理解自己、認同自己（關係需求），並讓自己獲得成長（成長需求）的人。

實際觀察眾多公司後，我發現員工滿意度高的公司，其經營者都有以某種形式滿足員工這三種需求的傾向。

另一方面，高離職率公司的經營者則沒有滿足這三種需求的任何一個或以上。像是薪水太少；老是對員工動怒，吝於誇讚而沒有建立起良好的人際關係；或沒有給予成長的機會，只是讓員工做例行公事。這種對待員工的方式，容易使員工難以對經營者產生性格信任，結果導致離職率攀升。

要充分滿足生存、關係、成長這三種需求，絕非易事。但是，若經營者並非有意識地嘗試滿足這三種需求，沒有讓員工看見自己努力的模樣，就想讓員工對自己產生性格信任，的確很困難。

這不僅適用於經營者與員工之間的關係，也適用於所有人際關係。

領導人心法則

❶ 滿足人類三需求：活下去、搞好人際關係、自我成長。

3-2 「想獲得認同」的需求

❶ 孤獨會帶給人類強大的壓力與不安

為了得到性格信任，該如何滿足他人的生存、關係、成長這三種需求？接下來將對此做說明。

首先是「生存需求」，現代人並無遭受外敵襲擊的危險性，只要付錢就能滿足食衣住行的需求，所以只要得到足以生活的經濟收入就能滿足生存需求。因此，協助他人獲得經濟收入，就能滿足其生存需求。例如，支付員工充足的薪水，可說是滿足其生存需求的行為。

接著是「關係需求」，這是人藉由歸屬於組織或集團以迴避孤獨，同時想在其中獲得認可，建立良好人際關係的需求。

「人類」的日文是「人間」，也寫成「人之間」，代表著人類是社會動物，聚集形成社會並生存其中。

在太古時代，人類不具備可獨力與猛獸打鬥的腕力、尖爪與利齒，是一種脆弱的生物。因此，人類打造出聚落，彼此幫助、共同生活，發揮團隊合作的力量、相互支持，以求在弱肉強食的時代中生存下去。表現出相互支持之姿態的「人」字，正是象徵這個意義。

因此，若遭到聚落排除，就意謂死亡。歷時數百萬年的歷史緣由，讓人類對孤獨感到強大的壓力與不安。

所以，人類會想要歸屬於組織或集團，並且不希望自己變得孤獨。

只是，在歸屬於組織或集團的情況下，若是被所有人忽略，反而會讓人感受到更強烈的孤獨。歸屬於組織或集團後，人就會開始產生以下這樣的需求：想要組織或集團成員將自己視爲重要人物，把自己視爲同伴並認同自己。

想獲得認同，具體而言就是以下這種需求：想要他人肯定自己、接納自己、稱讚自己、感謝自己、聽自己說話、對自己感興趣。這是極爲強烈的需求，若無法獲得滿足就會產生壓力，甚至損及健康。

如果公司的上司、屬下、同事、朋友、家人等身邊的人，全面否定自己做的所有事，也不聽自己說話、忽視自己，這樣長期持續下去，會怎麼樣呢？大部分的人在精神上都會受不了，應該也有不少人會因壓力而生病，身心狀況變差吧！

吃進充足的食物並確保充分睡眠，人類就能健康地活著嗎？事實並非如此。人類擁有社會動物這樣的性質，滿足關係需求與生存需求一樣，都是不可或缺的。

領導人心法則

❷ 搞好人際關係，獲得認同，身體就健康。

❷ 每個人都會認同「認同自己的人」

西元一二三二年，鎌倉幕府的執權①北条泰時爲政權中心，爲武士制定了《御成敗式目》法令。其中有一句話跟「運氣」有關：「神憑人敬增威，人憑神德添運。」

這句話的意思是，人們對神明展現的敬意，會增加神明的力量；神明的力量則會給予人們好運。

人對神展現的敬意，會化爲好運回歸到自己身上。若是人不尊敬神，縱使想得到好運，也無法實現。換言之，人能不能得到好運，皆取決於自身。

這樣的想法也適用於人與人之間的關係。

人會對於認同自己的人表示認同，對於否定自己的人回以否定。這種人心作用稱爲「相互性」，前者是「好感相互性（或互惠）」，後者是「厭惡相互性」。

由於相互性作用於內心，讓人在認同「否定自己的人」，以及否定「認同自己的人」時，心情會產生不協調感。

因此，人類如同鏡子般會將他人傳來的情感回以相同情感。雖然也有自己對對方懷有好感，對方卻沒有回以同樣情感的「單戀」情況，不過，要是自己先不認同對方，應該也很難期待對方會認同自己。

倘若希望他人認同自己，雙方建立起信任關係，自己就必須先認同對方。

美國總統林肯曾經這麼說：「如果想要對方贊成自己的意見，首先要做的就是讓對方知道你跟他站在同一邊。這是贏得人心的一滴蜂蜜，也是戰勝對方理性的最佳方式。一旦獲得人心，就能輕易讓對方認同自己的意見。」

辭去上班族工作、獨立創業不久的Y社長，苦惱於自己與員工之間的關

---

①執權：日本鎌倉幕府官職名，為輔佐職。

係，便來找我諮詢。他表示，自己親力親爲跑業務，還背負全部的經營風險，讓公司員工有飯吃，員工卻一副理所當然的態度，沒有一點感激，也不爲公司著想，整天悠悠哉哉。他對員工的工作態度感到火大，與員工的關係也每況愈下。Y社長對於這種現況感到苦惱。

這是從受雇方轉爲雇用方之後，才能體會的感覺吧。社長與員工對於公司及經營的想法與責任感，完全不同。就算社長爲了公司和員工而工作，員工也不一定會有所回應。然後，經營者就會因彼此態度的落差而感到痛苦。

從社長的立場來看，我能理解這種心情。

只是，從員工的立場來看，或許其心情是「我這麼努力工作才拿這點薪水，要心存感激的應該是社長吧」。

雙方各有立場、各說各話。關於這一點，雙方必須互相理解。我以不會損及社長心情的方式向他如此傳達，並提及「相互性」。

「如果社長希望員工心存感激，就要先稱讚員工，並且先感謝員工爲公司付出。如果社長能維持這種作法，員工的態度就會有所轉變。」

另外，我還出了一些功課給他。我請他讚美員工、傳達感謝，再把那些內容整理成報告書。雖然社長面有難色，但是爲了改變現狀，在無奈之餘只好接受我的要求。當時，我認爲只要能持續半年左右就會出現改變。然而，事隔一個月，我與社長再次會面並收取他的報告書時，他這麼說：

「這一個月以來，我用自己的方式稱讚員工，即使只是一點小事也會向員工傳達感謝。像是『這份資料做得很好』、『謝謝你之前的郵件』、『那件工作已經做好了嗎？你的動作眞快』之類的。結果員工的反應確實改變了，工作態度變得相當積極。還有，下班時，員工開始會對我說『辛苦您了』。公司整體的氛圍變得很明朗。然後，我也不太在意員工感不感謝我，覺得這些都無所謂了。」

這正是好感相互性產生作用的案例。

員工不心存感激，所以社長也不認同員工，這是厭惡相互性的惡性循環。爲了脫離這種循環，社長有意識地傳達善意訊息給員工，結果就讓好感相互性開始發生作用。

倘若對方先認同自己，自己也會認同對方；若對方先停止否定自己，自己也會停止否定對方。陷入惡性循環的狀況就像這樣，人們往往會要求對方先改變態度。但是，只要對方不改變，自己就無法脫離厭惡相互性的惡性循環，組織或團隊的狀態也無法獲得改善。因此，領導者若要脫離厭惡相互性的惡性循環，自己就要先採取行動。

我認爲，在身陷這種惡性循環的狀況下，受到自尊心的阻撓，要先認同對方是極爲困難的事。只是，若能在這種狀況中克服自己的情緒，就能產生引導他人行動的力量。改善團隊與經營的重要關鍵，其實也在於領導者能不能克服自己的情緒。

如果希望獲得對方的認同，就要先認同對方。如果希望對方爲自己行動，就要先爲對方行動。如果希望對方相信自己，就要先相信對方。

這些絕非易事，但應該是建立性格信任的正確作法。

領導人心法則

❸ 他認同我，我就認同他；他否定我，我也會否定他。

❸ 認同他人的五種方法

1. 不否定

若要認同他人，具體應該怎麼做呢？

認同他人的方法五花八門，我認爲特別重要的是「不否定」、「稱讚」、「傳達感謝的話語」、「傾聽」、「慰勞」。

另外，若要認同他人，就要面對自己的情緒，有時也需要克服情緒。接下來，我想說明認同他人的具體方法，順帶講述如何面對自己的情緒。

「世界上最可怕的事情是什麼？」

你會怎麼回答？或許你的腦海中已閃過各式各樣的答案。我聽過某項問卷調查統計，排名第一的答案是「被否定」。我認爲這是非常眞實的答案。擁有關係需求的人類，會對「被否定」這件事感到強烈的恐懼與壓力。

從事壓力研究並累積一千七百份研究報告的加拿大生理學家漢斯・塞利（Hans Selye）曾經這麼說：「我們時常強烈渴望他人的讚賞，也同樣強烈害怕他人的批判。」

儘管否定會帶來相當大的心理壓力，但人們在對話時還是常一不小心就說出口。有些人覺得對方說的話有錯誤時，就會不由分說地否定對方：「不，那是錯的」、「不對，不是那樣」，這種對話並不少見。縱使發言者只是無心之言，還是會帶給對方相當大的壓力。不斷地說出否定話語，人際關係就會變得疏離，同時也會失去他人對自己的性格信任。

人類對於否定的話語非常敏感，面對否定自己的人時，很難坦率地聽進對方的話。因此，我們必須意識到否定話語的力量有多大，理想的作法是，除了特殊狀況以外，避免使用明確的否定話語。

若要否定他人時，可以先暫時接受對方的意見，向對方說「原來如此」、「這樣說或許也有道理」，接著再說「只不過」、「換個角度，這種想法怎麼樣」，如此一來，不需要使用明確的否定話語，也能陳述反對意見。

從這樣的應答起步，意識到否定話語的力量有多大，也注意不要否定他人，將成爲獲得性格信任的基礎。

在與他人爭論的狀況中，人往往會忘記否定話語的影響有多大，而毫不掩飾地脫口而出。其中也有人會把討論當成有輸有贏的辯論賽，不論用什麼手段都想打敗對方。有時，那種人的目的並不是具有建設性的討論，只是想辯贏對方、維護自尊。

縱使自己否定對方的意見、辯贏對方，並守住了自尊，卻會失去更重要的性格信任。因爲對方在遭受否定後，自尊心會受傷，並與傷害者保持距離，心逐漸遠離。

組織與團隊的領導者必須將這件事謹記在心。愈是用否定對方的方式來贏得爭論，成員的心就會愈疏離，組織會變得不團結，大家的表現也會變差。對於領導者而言，保護屬下的自尊也是重要的工作。

因此，倘若爭論的只是小事，就算可以辯贏也要讓步。這種從容會增加對方對你自己的性格信任程度。不過，有時也會有無法讓步的事，那種情況就算要辯贏，也得避免直接否定，採取不傷害對方自尊心的說話方式。

有一家公司在市中心高級地段建造了辦公室，收入與利潤也逐年成長。該公司的社長具有領導氣質，全國各地都有他的粉絲，名望深厚。我和那位社長一起喝酒時，他告訴我關於他與屬下的溝通方式。

「我常常向屬下道歉。有時候考量到公司的狀況，無論如何都不能採納屬下的意見，我就會說『抱歉啊，眞的很對不起』，鞠躬道歉後，再拜託屬下聽聽看我的意見。」

他並不會直接否定屬下的意見，而是理解屬下的心情，向對方道歉，並眞誠地與屬下溝通。這位社長應該明白最不能失去的是什麼。

即使要否定對方，也要保護自己的自尊嗎？還是要將自尊擱在一旁，爲了不否定對方而盡可能地多方考慮？不同的態度會對性格信任的形成造成巨大的影響。要做到認同對方，得先想到「不否定對方」。

領導人心法則

❹要我認同他，那我得先從不否定他開始。

2. 稱讚

認同他人的其中一個方法是「稱讚」。

只是，亞洲人普遍被認爲不擅長讚美，尤其是日本人。因此，不少人平常缺乏被讚許，所以自己也不習慣讚美他人，自然不習慣他人稱讚自己。

我曾經在講座、演講與進修活動中，以「無法稱讚屬下的理由是什麼」這個主題進行討論。結果最多人的答案是「找不到值得讚美的優點」。

另外，我在進行經營諮詢時，也有許多經營者與管理幹部告訴我，就算他們想稱讚員工或屬下，也找不到值得讚美的優點。

如果有人對你說：「請你舉出身邊人的十個優點。」你能迅速列舉出十個嗎？恐怕沒那麼簡單。

為什麼會找不到值得讚美的優點？

首先，你平常會有意識地留意他人的優點嗎？如果答案是「否」，那就是找不到的原因之一。

人類的大腦有一種習性，遇到問題就會想尋找答案。

猜謎節目就是一個好例子。只要以猜謎形式收到問題，就會忍不住開始思考答案，對吧？然後會很想確認自己的答案是否正確，因此不會轉台。我覺得最近電視上的猜謎節目變多，可能是大腦的習性讓這類節目收視率上升的緣故。

同理，只要平常與人相處時，自問「這個人有沒有優點」，大腦就會開始尋找答案。

不過，在上司與屬下的關係中，上司在觀察屬下工作時，往往只會思考「有沒有必須指出的缺點」，像是哪裡犯錯、有沒有尚未做完的部分等等。

爲了提升工作的準確度，自問這種問題也是必須的，但只要把「有沒有值得讚美的優點」也一起納入考量，就能大幅提高找到優點的可能性。

在進行某公司的經營諮詢時，我告訴社長讚美的重要性，他卻這麼說：「我只讓屬下做那種『理所當然做得到』的事，所以沒什麼值得稱讚的地方。」這種話我也經常聽其他人說過。

我也曾經在舉辦講座與進修活動時，以「上司在什麼時候稱讚你，會讓你感到高興」爲主題進行討論。與會者多數的答案是「做到原本做不到的事情時」、「達成新挑戰時」。這種答案讓我深切感受到「屬下渴望上司的讚美」，這是屬下眞實的心情，不論到了幾歲都不會消退。

「理所當然做得到的事，就算達成了，也沒有必要讚美。」

縱使以上司的角度來看是如此，屬下還是希望上司知道自己現在能做到之前做不到的事，並認同自己的成長。

「你終於做到了。」

只要一句話就好，屬下就是渴望聽到那樣的一句話。

稱讚與否的標準，不該是自認爲的「理所當然」，而是對方成長的幅度。只要對方做到了以往做不到的事，就要稱讚對方。縱使成果不佳，只要看到對方的努力，就要針對那一點大方稱讚。擁有這種意識，就能發現對方有許多值得稱讚的優點。

另外，稱讚這種行爲，也要對方接受才有意義。若是採用抽象的方式讚美，對方就會覺得莫名其妙，或感覺稱讚者說的並非眞心話，反而會產生不好的印象。因此，爲了要讓對方接受，找出對方値得稱讚的優點並具體地稱讚，才是理想的作法。

縱使找到對方值得讚美的優點，實際上能不能展開行動又是另一個問題。有一種障礙會形成阻撓，那就是「害羞」這種情緒。

倘若無法克服這種情緒，就無法讚美他人。事實上，在前文提及的討論中，有人表示自己無法稱讚屬下的理由就是「害羞」。只是，能不能克服「害羞」，會強烈影響到引導他人行動的力量。

「害羞」是威力強大的勁敵，它會限制人類的行動。

請想像一下，如果你能夠克服「害羞」，與他人的溝通是否會產生什麼變化？

太宰治的《新哈姆雷特》中有這樣一段話：「因害羞而說不出口，歸根究柢是在保護自己，害怕跳入怒濤。如果真心愛著，會下意識地說出愛的話語。就算講得結結巴巴也好，只有一個字也好，連思考都來不及就會直接說出來。」

順帶一提，就算稱讚屬下，對方也不一定會坦率地表現欣喜。

我曾經告訴某位社長要懂得讚美屬下，不過社長告訴我，他實際稱讚屬下後對方都沒有反應，因此他對我說：「其實屬下就算被讚美，也不覺得高興吧？既然如此，稱讚就沒有意義，我也失去這個動力了。」

但是，沒有人不喜歡被讚美，必須要看清楚當時的氣氛，有時候，人是因爲平常不習慣被稱讚，才會在突然獲得稱讚時不知做何反應。

對方在獲得讚美後的行爲變化，比起當下的反應，更能表現出對方是否感到高興。

「這點小事根本沒什麼」、「我只是照例把事情做完而已」。

很多情況都是屬下在獲得讚美後反應冷淡，但之後的工作表現卻突飛猛進。

就算稱讚他人時，對方的反應差強人意，也不要因此感到灰心；應該要一邊觀察對方的行爲變化，一邊有意識地稱讚。在過程中，雙方的性格信任都會開始產生新的變化。

領導人心法則

❺ 我有疑問，就會想找答案。

❻ 活到老，喜歡被讚美到老。

3. 傳達感謝的話語

傳達感謝的話語，也是認同他人的重要行為。

一般人都認為，如果沒什麼特別值得感謝的事，很難抱持感謝之心。不過，有個方法能在對方即使沒做出值得感謝的事時，還能感謝對方。

那就是丟掉「理所當然」的感覺。

日文的「有り難う」（意為「謝謝」）這個詞彙的意思是：要「有」，很難。

所以「有り難う」的反義是「要『有』，並不難」，也就是「理所當然」。只要丟掉「理所當然」的感覺，就會發現許多值得感謝的事。

只要經驗了某件事從「理所當然」變成「不再理所當然」之後，就會發現這件事的可貴，並開始對此心懷感謝。

我曾經聽過一個案例，是關於重新審視工作上的「理所當然」。

A被要求從原任職公司轉往子公司工作，擔任子公司社長。

但是，子公司的前任社長相當受人愛戴，幾乎所有員工都很尊敬他，並跟隨著他一路走過來，而A是解任前社長的總公司派來的人，所以員工對於A抱有強烈的敵意。

於是，A就任社長後，一起工作的屬下完全不聽從A的指示，總是將他排除在外，逕自進行業務。

對A而言，屬下完全不請教他的意見，而他自己也沒有特別要做的業務。此外，無論他在不在，公司都能運轉。當他邀請屬下喝酒時，屬下總會找理由推辭，但是屬下們彼此經常一起去喝酒。當某位屬下以他聽得到的音量說：「唉呀，昨天的新年會喝太多了……」他才知道屬下在他不知情的狀況下舉辦了新年會，而他卻沒有被通知，頓時一股無法控制的疏離感與孤獨感襲上心頭。

A孤零零地坐在社長椅上，幾乎不會有人過來跟他說話，只有最低限度的必要文件會傳到他手上。

經過了一年，A的身體狀況變得極差，他判斷自己無法再忍耐，便決定向總公司請調回去。

然後，當他回原公司擔任部長後，收到一封屬下寄來的電子郵件。

「請問○○案件可以以此內容繼續進行嗎？」

這封郵件並沒有特別之處，只是一封欲獲得事前批准的郵件罷了。

但是，A看到那封郵件時，高興得眼淚都快流下來。

A調任到那家被收購的公司之前，從來不懂得心存感謝，是個傲慢無禮的上司。那時的他認爲，屬下跟自己一起工作是理所當然的，屬下照自己的指示行動也是理所當然。

一旦有了失去「理所當然」的經驗後，他才了解屬下願意與自己一起工作的可貴，以及屬下願意聽從自己指示的可貴。

試著在各種人際關係中丟掉「理所當然」並與人相處，就會發現許多值得感謝的事。他人願意做自己委託的工作、發生問題時會來找自己商量、願意與自己一起工作、會跟自己打招呼。只要避免把這些日常的事視爲理所當然，就能夠逐漸了解其中的可貴。能不能克服這種「理所當然」的感覺，同樣會影響引導他人行動的力量。

在自己捨棄理所當然的感覺，找到值得感謝的事以後，下一個階段必須做的就是將感謝化為言語傳達出去。只是，「害羞」或許會成爲一股阻力。

我在「稱讚」的章節中，曾提到引導他人行動的力量，會受到能不能克服「害羞」的影響，這一點在傳達感謝話語時也一樣。

某位男社長苦惱於公司的氣氛不佳。

他表示自己只在發現屬下犯錯而生氣時，才會跟屬下說話。辦公室裡沒有人閒聊，大家都默默地埋頭工作，他與屬下之間並未建立性格信任關係。

早上進公司時，擦身而過的屬下也不會跟他打招呼。下班時間一到，大家就匆忙收拾東西並離開。他認爲工作上的人際關係就是這個樣子，但又感覺不太舒服，公司做爲一個組織，這樣下去眞的沒問題嗎？身爲領導者，這樣下去真的好嗎？這位社長如此苦惱著。

我向他解說「害羞」與「理所當然」的事後，他就下定決心要努力傳達感謝。

他開始在總務小姐爲他倒茶時說「謝謝」；屬下向他報告工作進度時，他也會對屬下說「謝謝，辛苦了」；他開始在回覆屬下的郵件時，加入「謝謝」這兩個字。

社長表示，因爲從前自己總是眉頭深鎖，渾身散發一股負面氛圍，所以剛開始說「謝謝」時更覺得「害羞」。但是，他並沒有輸給「害羞」，一面告訴自己「這不是理所當然、這不是理所當然」，一面持續說謝謝。

「有一天早上，總務小姐看到我，便笑著對我說『早安』。或許別人會覺得這沒什麼，但是我覺得很高興。」

社長告訴我這件事時，我感動得眼淚都快掉下來了。他這麼努力面對地「理所當然」與「害羞」，並實際採取行動，讓我相當佩服。

傳達感謝的話語，有時候也會感動他人。感謝就是擁有這麼大的力量。

如果你能克服「害羞」與「理所當然」，你會想跟誰傳達感謝的話語？有沒有人正在等待你的感謝？

當你能夠傳達感謝時，或許會有感動由此而生。

這種心情與感動，將會成爲改革團隊與組織的力量。

領導人心法則

❼ 臉皮要厚，放膽溝通，效果絕對大不同。

❽ 世事並非理所當然，凡事要心存感謝。

4「聽」與「傾聽」

稱讚及傳達感謝的話語，都是認同對方的行爲，這件事各位應該都能理解，不過「傾聽」也是認同對方的行爲。

不如這麼說，傾聽是認同對方的基本行爲，也是爲了獲取性格信任所要進行的重要行爲。

在日文中，「きく」（聽）有「聞く」（聽）與「聴く」（傾聽）這兩種漢字的寫法。你知道兩者的差別嗎？

「聞」的意思，是物理性感知聲響或聲音。

另一方面，「聽」由耳、十、四、心組成，具有「用十四個心側耳傾聽」的意思。何謂十四個心的說明，在此先省略，但是其意思就是各式各樣的心與耳朵一同傾聽，換言之，就是傾聽時與說話者產生共鳴。

共鳴是諮商的基礎，這種行爲能給予對方強烈的安心感與親近感。「想要他人認同自己」的其中一種型態，就是「想要他人與自己產生共鳴」，人們擁有這種強烈的需求。

自己有開心、快樂、悲傷、痛苦等情緒，如果有人以同樣的情緒傾聽自己說的話，自己就會對此人產生親近感。假使不論自己說了多高興、多悲傷的事，對方都沒有共鳴，只是面無表情地聽著，自己應該會失去興致，並產生不信任對方的感覺。

我認爲，留意到共鳴會影響他人情緒的人，比忽略此事的人，更能在經營與商業上拿出優秀的成績。

人在「聽」他人說話時，可以一邊看電視，一邊玩手機；但是，「傾聽」他人說話時，就無法分心。人要專注於說話內容與對方的情緒，與對方擁有同樣的情緒，才能夠「傾聽」對方。

傾聽方式會在無意間顯露一個人的性格。「傾聽」他人說話的人，光靠傾聽就能讓對方感受到強烈的魅力。要確實傾聽所有人說的話，或許很困難，不過在重要場合中，最好盡量「傾聽」他人說話。

「現在自己是在『傾聽』對方說話，還是在『聽』對方說話？」

與他人對話時，請試著這樣自問自答。我認爲這種作法會大大改變自己對於「『聽』他人說話」的認知。

人往往希望談話對象能聽自己說話，不知不覺就以自己爲優先。各位的說話方式是不是這樣：自己在說話時，爲了讓對方了解自己的心情，會努力傳達自己的想法。然而，等對方開始說話後，自己又毫無共鳴，滿腦子都在思考等一下要說什麼，直到換自己說話時，又努力想讓對方理解自己的心情。

人會追求共鳴。對於跟自己有共鳴的人，會強烈感受到親近並產生信任感。另外，自己也會因相互性而把對方的話聽進去。但是，對於沒有共鳴的人所說的話，就不容易聽進去。

我曾經在某企業負責業務員的諮詢工作，當時有一位業績大幅成長的S小姐，我問她關於業績變好的契機。

S小姐剛進公司時，總是四處拜訪客戶，介紹自家產品時，她會翻開小冊子拚命解說，希望能拿下合約。然而，無論她跑了幾家公司，始終無法順利簽約，於是她逐漸失去信心，精神壓力很大，接著身體開始出狀況。

就在那時，她拜訪了某家公司，原本想跟以前一樣向社長說明自家產品，但是社長一直跟她閒聊，讓她遲遲無法進入正題。之後，閒聊的話題轉到社長創業時因跑業務而吃了許多苦。S小姐覺得，社長說的經歷跟自己的現況實在太像了，以至於連產品說明都忘了，專注地傾聽社長說話。S小姐不知不覺將社長的辛苦往事與自身經驗重疊，雙眼含著淚水聆聽著。

「話說回來，妳今天來是爲了什麼事啊？」

社長的一句話讓S小姐回過神來，這才慌張地開始說明產品，但是在眼泛淚水的狀況下，根本沒有那個心情，勉強做了簡單的說明，就想結束這次拜訪，沒想到社長竟然說：「我要買喔！」

S小姐驚訝地「咦」了一聲，社長決定的速度實在太快了，於是她連忙說：「多考慮一下再做決定也可以，畢竟還有其他公司的產品……」結果，社長這麼說：「其他公司就免了，我想跟妳買。」

S小姐表示，當時聽到那句話，讓她差點又要掉下眼淚。她對社長說的話深有共鳴，甚至到流淚的程度，應該是這個傾聽的姿態感動了社長。

在那之後，S小姐談業務的風格有了一百八十度的大轉變。首先，她在傾聽客戶說話時，會深深地與之產生共鳴，在建立起信任關係之前也不會推銷商品。行事風格一改變後，她的業績就蒸蒸日上。

沒有信任的對話，是不具力量的。若要讓對話擁有力量，必須獲得對方的信任。這一點也適用於業務工作。

過往至今，我看過各式各樣的經營者與商業人士，我的感想是：比起善於言談的人，善於傾聽的人特別少。當你在思考身邊是否有善於言談的人時，或許腦海中會浮現幾個人，但是你想得出有哪些善於傾聽的人嗎？

我曾有幸與某知名企業的創辦人一起用餐。

我們一面吃飯，一面聊著各式各樣的話題，對方不愧是帶領那麼多員工又讓事業壯大的領導者，能言善道，幽默感十足，讓我深受吸引。當時，我認爲所謂善於言談就是指這種人啊。

「對了，藤田先生現在從事什麼樣的工作？」

話鋒一轉，他變成傾聽我說話的那一方。

我不好意思地聊起自己的工作，他則專注傾聽，認眞與我共享情緒，跟我一起笑、一起苦惱。我在說話時，他完全不打岔，而是「嗯、嗯」地回應我，直到最後都維持著全神貫注的態度。

等我回過神來，才發現自己講了好久。

他的能言善道深深打動人心、令人難忘，而他也是一個很好的傾聽者。他能夠打造出如此優秀的企業，祕訣就在於此。擁有這種溝通能力的人，自然會吸引許多人聚集，而且沒有二心。只要跟他交談過一次，就能產生性格信任。這是我對他的感覺。

找我進行諮詢的客戶，都在經營與商業上遇到形形色色的課題，像是想在業務上做出成果；與員工關係不佳，無法提升員工的幹勁；員工流動率高。但是，無論什麼樣的課題，只要是攸關人類，把「聽」改成「傾聽」，就有很高的機率能解決，團隊與組織的革新也有可能由此發生。

你都是「傾聽」別人說話，還是「聽」別人說話？我曾經看過一些案例是藉由意識到這件事，改善了經營與商業的表現。

不僅是經營與商業，我也聽過夫妻關係、親子關係因此而改善的案例。

管理學家彼得・杜拉克（Peter Drucker）曾經這麼說：「許多人以為善於言談就代表善於與人相處，卻不知人際關係的重點在於傾聽能力。」

說話的目的是傳達訊息與獲得共鳴。如果你與人交談時，對方只聽到你的說話內容，而沒有與你的心產生共鳴，你會有什麼感覺？這等於說話的目的只達成了一半。當對方正在說話時，情況也一樣，自己的「傾聽方式」會大大影響對方的心情。

不只是要聽對方說，還要傾聽話語背後的心意。這種「傾聽方式」對性格信任也有很大的影響。

領導人心法則

❾ 傾聽有共鳴，彼此信任又放心。

5. 慰勞

在金融界，某公司的領導者所率領的團隊，持續讓銷售業績達到全國第一。這個團隊的業績原本並不出色，領導者本身也曾對此感到苦惱。

由於銷售業績會影響薪水，業務員若是業績差，生活就會陷入困頓。這位領導者年輕時的銷售業績也不佳，所以體驗過經濟拮据的生活，那時的他，連搭電車都有困難，逼不得已只好以腳踏車可達範圍內的客戶爲目標。

他在拜訪客戶時，即使跑了很多家，還是不斷地被拒絕，有時還會遭到不禮貌的對待，因此感到氣餒，一想到要到下一戶人家門口按對講機，就感到莫名地恐懼，他自覺已經沒有勇氣了。

那時候，他總是會從錢包裡拿出孩子的照片，看著剛出生的孩子，心想：「我得替這孩子賺奶粉錢。」設法提振精神，再去拜訪下一戶。

他在經歷過這種毫無退路的絕境後，業績開始慢慢成長，並將自己的員工培育成業績全國第一的團隊。

「要說起那些艱苦的經歷，我可不輸給任何人。」

那位老闆說了這句話，他比誰都了解業務員的心酸。

「人在那種時候，臉上都會出現悲壯的表情。當事人很拚，但是愈拚愈做不出成果。要是上司在那時候還念了一句『再多努力一點』，當事人一定會很消沉。所以，我不會在那種時候說『加油』，因爲還有更該做的事情。」

這位老闆一旦發現屬下達不到業績，表情悲壯，就會把屬下叫進辦公室。當下，屬下一定以爲自己會被罵，懷著抱歉的心情踏進辦公室，這時候，老闆這麼說：

「告訴你一個祕密，其實我以前的業績也很差，有過很不好的經驗。那時候眞的很痛苦，所以我非常了解你現在的心情。雖然你沒有達到目標，但是我知道你已經很努力了。對吧？」

拿不出成績、生活陷入困境已無退路的狀況下，懷著會挨罵的心情走進老闆的辦公室，沒想到老闆卻對自己說出這些話，據說有人聽完後當場就哭了出來。

明明沒有做出成果，上司卻認同自己的努力。屬下在高興的同時，會覺得自己很可恥，心裡會湧現對上司的愧疚，接著就會流淚。我想，屬下的心情大概就是如此。人在窮途末路到渾身散發出悲壯感的情況下，接受慰勞遠比被大聲斥責更能轉換心情吧。

那位老闆說：「接下來只要稍微輔助一下，我的員工就能重新站起來。確實地告訴他『我眞的很了解你的心情』是很重要的。」

除了結果以外，人還希望他人能了解自己在過程中體會到的感受。只是，商業世界傾向於結果就是一切，或許執行過程及其中的心情難以讓人理解，不過這對於建立性格信任而言，是極爲重要的事。

有言道：「士爲知己者死。」

這是中國的一句話，意思是「士可以爲明白自己眞正的價值且認同自己的人而死」。從這句話也可得知，傾聽對方說話並理解對方心情的態度，足以強烈觸動人心，對方會認爲「這個人理解我的心情」。

只要能讓對方產生這種想法，就能更進一步地加深性格信任。然後，對方也會認爲「如果是爲了這個人，我就願意做」。

上司難免有必須斥責表現不佳的屬下的時候。

不過，無論上司斥責多少次，對方的心都會處於防衛狀態。如此一來，上司的話語就無法傳達到對方的心裡，其行動與想法就不可能改變。

若要解除心理防衛，就得站在對方的立場與之產生共鳴。在說「加油」之前，要先說「你很努力了」，撫慰屬下一路走來的辛勞；在說「竟然拿出這種成績，你要怎麼負責」之前，要先說「我知道你很辛苦」，理解對方的苦惱。

這種共鳴會解除對方的心理防衛。

在毫無防衛的狀況下，他人所說的話都會傳遞到心裡，縱使只有一句話也會打動內心。另外，也有這種情況——什麼都不說，只是表達自己有同感，就能讓對方重新獲得勇氣與幹勁。共鳴遠比斥責更能帶來絕佳的效果。

「希望他人了解自己的心情。」

這是每個人都擁有的願望。如果備感辛勞或痛苦，這種願望又會更強烈。「慰勞」這件事，就是表示理解對方的辛勞或痛苦，與之產生共鳴。因此，「慰勞」擁有感動人心的力量。尤其是當自己也很痛苦時，能不能慰勞對方，將會大大地改變自己與對方的關係。

無論人工智慧多麼發達，共鳴都是擁有心的人類才做得到的事。所以，磨練共鳴能力，對於人類在未來人工智慧時代的生存，具有極大的意義。

領導人心法則

⑩ 希望對方體會我這一路苦盡甘來的心情。

⑪ 希望對方能理解我的感受。

❹ 動機提升與下降的主因

有一項有趣的研究是關於認同與動機的關係，那是美國心理學家弗德瑞克・赫茲伯格（Frederick Herzberg）提出的「激勵保健理論」（Motivation-Hygiene Theory）。

這個理論將引發工作滿意感的主因稱爲「激勵因素」，並將引發工作不滿感受的主因稱爲「保健因素」，赫茲伯格認爲這兩者並不相同。

「激勵因素」包括：達成工作目標、獲得認可、工作價值觀、責任範圍擴大、提升能力、自我成長、工作具挑戰性等等。另一方面，「保健因素」包括：公司方針、管理方法、與監督者之間的關係、勞動條件、薪資等等。

這項研究表示，給予激勵因素能提高員工的工作滿意度及動機，但即使員工對激勵因素感到不滿足，也不一定會降低他的工作動機。

另一方面，縱使滿足了保健因素，也不見得能大幅提升員工的工作滿意度或動機，但若是員工對於保健因素感到不滿，工作滿意度與動機就會大幅下降。

舉例來說，薪資是保健因素，在加薪以後，員工的工作動機會不會大幅提升並改變工作方式？答案是，縱使員工出現暫時性的改變，也不一定能夠持續。相反地，倘若減薪，員工有相當高的機率會覺得「太離譜了」，工作動機大幅下降。薪資擁有這樣的性質，因此，除非公司的營運狀況很差，否則老闆都要避免採取減薪措施。

另一方面，赫茲伯格將達成工作目標及工作內容獲得認同，視爲激勵因素。

像是體會達成工作目標的成就感、工作成果被稱讚、受到他人感謝，這些都能大幅提升工作動機。不過，就算工作成果沒有特別被稱讚或感謝，其工作動機也不見得會大幅下降。

我們可以從激勵保健理論得知，「達成」與「認可」這類激勵因素，是提升工作動機的重要關鍵。

員工的工作動機低落與離職率高，是我經常被諮詢的問題。

曾經有人來找我，把上述問題的原因視爲薪資水準與體制。前來諮詢的領導者認爲，員工的工作動機無法提升的原因，是薪水太少或體制不佳，便問我「是不是加點薪水比較好」、「成果報酬型的薪資體制是不是比較好」。

當然，薪資水準與體制是很重要的動機因素，但是以激勵保健理論來思考，與其藉由「加薪」這個保健因素提升工作動機，不如增加「達成」與「認可」這類激勵因素，比較有成效。

因此，我會問問這些經營者，工作內容是否能讓員工獲得成就感，是否向員工傳達讚美、感謝的話語等等，如果這些並未充分達成，我會請他們在調整薪資水準與體制之前，先把那些做好。

對於過去不曾稱讚屬下、不曾向屬下表達感謝的人而言，這個門檻相當高，甚至有人認爲，替屬下加薪是比較輕鬆的。因此，他們會把「是不是該加薪」、「是不是該改變薪資體制」視爲問題來討論。

但是，藉由支付員工高薪，勉強維持其工作動機的經營方式，對資金運用會造成負擔，讓公司的財務難有餘裕。此外，由於薪資是保健因素，所以很難期待它能產生保持工作動機的效果。

對於這些經營者而言，讚美屬下、對屬下表達感謝的「害羞情緒」或許是巨大障礙。另外，「理所當然」的感覺也難以根除。儘管如此，經營者還是要想辦法克服這些情緒與感覺，因爲這對於改善經營，或提升團隊、組織的表現，都有極大的意義。

如前所述，許多經營者及管理幹部告訴我，他們在克服「害羞」、拋掉「理所當然」以後，成功改變了自己對待屬下的方式。結果，他們不必調整薪資水準與體制，就讓員工的行動方式發生了變化，員工會自動自發地努力工作。只要改變自己的態度，對方的態度也會有所改變。這是確實會發生的事實。

3-3 「想要成長」的需求

❶ 你相信對方有成長的可能性嗎？

接下來，我想講述ERG理論的成長需求。

「成長需求」是希望在自己有興趣的領域中提升能力並獲得成長，以及想克服不擅長領域的需求；想讓自己變得具有創造力或生產力的需求。

本章開頭討論了「什麼樣的人能獲得性格信任」這個主題，在其中頻繁出現的第二項意見，內容是「會提醒我、責備我，讓我成長的人」。

這裡指的就是能滿足自我成長需求的他人。

「想要相信自己會成長」、「想要相信自己有許多可能性」、「想要相信自己」。

這些是人類衷心渴求的願望，而這種願望則源自成長需求。若有極度想要達成的目標，這種願望就會變得更強烈。

因此，願意相信自己會成長、相信自己有許多可能性、讓自己擁有自信、發現自己有更多可能性的他人，對自己而言就會成爲一個無可取代的人。

不論是身爲領導者、上司或雙親，若能成爲他人眼中的這種存在，對於建立性格信任關係，有很大的意義。

加拿大的生理學家漢斯．塞利曾這樣敘述人類的習性：

「當周遭的人對自己有所期待，人就會擁有自信。然後那股自信會引領人走向成功。」

領導人心法則

⓬ 我相信我會成長，我有許多可能性，希望他人也能相信我。

⓭ 只要他人對我有期待，我就會有自信。

❷ 讓對方發現他自己從未注意的能力或優點

社會心理學有個詞彙是「自我應驗預言」（Self-Fulfilling Prophecy）。這個詞的意思是，人類如果被做了某項定義，其行動就會傾向將該定義化為現實。例如，有人對A說：「你很優秀。」其他人也持續以對待優秀者的方式對待A，結果A就會努力拿出優秀的成果；相反地，若是有人對A說：「你很無能。」而且他人持續以對待無能者的方式對待A，那麼A就眞的會變得無能。

美國西北大學的理查德．米勒（Richard Miller）博士研究小組，在芝加哥的一所小學做了一項實驗，他們想勸導五年級學生不要亂丟垃圾，保持教室整潔。

老師對某班級的所有孩子說明，亂丟垃圾是一件多麼不好的事，並希望他們能維持教室整潔，工友也這麼拜託他們。

在另一個班級，老師說這個班級是全校最整潔的一班，學生們最愛乾淨，工友也深表同感。

結果，前者的髒亂狀況完全沒有改善，但是後者亂丟垃圾的比例則明顯銳減。

在米勒博士進行的另一項實驗中，實驗員要求某班學生「拚命學習算術」，並對另一班的學生說：「你們具有算術天分。」

結果，後者的算術成績遠比前者進步許多。

從這些實驗得知，若要人類往某個方向行動，比起指示、命令「該這樣做」，不如說「你絕對辦得到」，讓人察覺自己的能力與長處，並因此有所改變，這種作法比較可能成功。

周哈里窗

自我覺察	自己知道的部分	自己不知道的部分
他人知道的部分	①開放的自我	②盲目的自我
他人不知道的部分	③隱藏的自我	④不知的自我

讓人察覺自己的能力或長處，就擁有能改變對方人生的影響力。接下來，我想講述攸關此事的「周哈里窗」（Johari window）。

舊金山州立大學的心理學家周瑟夫．盧福特（Joseph Luft）及哈里．殷漢（Harry Ingham）將自我覺察分爲以下四個部分：①開放的自我（自己和他人都知道的部分），②盲目的自我（他人知道但自己不知道的部分），③隱藏的自我（自己知道但不顯露給他人看的部分），④不知的自我（自己和他人都不知道的部分）。

若要滿足他人的成長需求，應該要注意的是「②盲目的自我（他人知道但自己不知道的部分）」。提供他人建議，讓對方察覺他自己沒注意的能力或長處，這樣就有可能讓對方更進一步的成長。

只要有一個人能讓自己察覺到沒注意到的能力或長處，並且相信自己有更進一步的可能性，人就能夠得到勇氣與幹勁，而且會大幅成長。另外，如果要給予他人這種建議，必須注意對方是否擁有成長的可能性，並仔細觀察對方。

這種人際行為將會形成性格信任。

領導人心法則

⓮ 先讓對方知道他自己的優點，才能讓他往我想要的方向行動。

⓯ 如果你信任我，讓我察覺自己的優點，你就是重要人物。

❸一句「你的能力不只這樣」就會改變人生

經營者I先生，從前就算心裡覺得屬下「做得很好」，也不太會開口稱讚。現在的I先生告訴我，屬下若有自己沒發現的能力或長處，他都會努力告訴對方，並嘗試用言語啓發屬下，使其成長。

「你有能力做好這件事，所以下次要讓自己更有自信一點。」

「雖然你用一般方式完成了這項工作，但是這不簡單耶。說不定你很擅長做這類型的工作。」

他試著對屬下說出這樣的話，屬下的工作態度就出現了變化，不僅積極提案，還會教導其他同事。

他也意識到了自己的改變：「過去，我跟屬下溝通的內容，幾乎都是告訴對方哪裡沒做好、哪裡需要改進。這樣一想，我發現自己以前只會注意屬下的缺點。不過，現在只要意識到要讓屬下發現自己沒注意到的長處，我自然就想要找到對方的優秀能力或優點。」

許多人告訴我，在過去，無論與他人進行過多少次業務溝通，人與人之間的距離都難以拉近。但是，他們運用自我應驗預言與周哈里窗後，藉由啓發對方尚未注意的能力與長處，並說出誘發對方更多可能性的一句話，就能讓人與人之間的距離拉近許多。如果能夠以高明的方式將這種事情傳達給對方，對方也容易坦率地有所回應。

自己能不能讓對方擁有自信？有沒有支援對方成長的可能性？只要帶著這種意識跟對方相處，就能慢慢拉近彼此之間的距離。

有一位社長經歷破產之後東山再起，並讓業績順利成長，而我曾聽過這位社長的小故事。那個故事發生在他過去經營的餐飲店業績不佳、面臨破產的時候。

最後一天營業時，他將最後一位客人送出店門外後，就向員工們道歉，並感謝員工一直以來的辛勞，員工離開後，他就留在店裡善後。

接著，一位跟他交情不錯的A社長走進店內。

A社長一手拿著香檳，說：「今天是最後一天了吧。我帶了酒來，總之先喝幾杯吧。」

他覺得自己已經無可救藥，A社長還顧慮到他的心情，甚至還帶酒過來安慰他，當他看到對方時，眼淚都快掉下來了。

然後，兩人一邊喝酒一邊聊天，A社長對他說：

「你不是一個就此認輸的男人，你只是沒察覺到自己的可能性。」

這句話賦予他相當大的勇氣。

破產後，他想起了這句話，就堅信自己有衆多可能性。

之後，他在其他業界東山再起，總算讓事業上了軌道。

要相信自己的可能性，並非容易的事。即便如此，人還是想這麼相信。

因此，要讓他人察覺自己的可能性，就算只是一句話，都能夠讓他人產生「相信自己的可能性」的勇氣，接著，他的人生就會大大地改變。另外，也有人會把那樣的一句話當成心靈支柱，而得以戰勝逆境。

我在高中時代的恩師，曾經說過讓我永遠也忘不了的一句話。

「你的能力不只這樣！」

即使過了二十年以上，這句話依舊烙印在我心中，每當我想起這句話，就會得到勇氣。我從親身體驗得到的感想是，人果然還是想要相信自己。如果有任何人願意相信你，你就會欣喜萬分。

「你的能力不只這樣！」

你身邊有沒有人正在等你說出那樣的話？爲了讓自己也能對其他人說出那樣的話，請試著尋找對方的可能性並與之相處。只要抱持那種意識，雙方的關係應該就會一點一滴地產生變化。

前面談到的ERG理論中，又以「關係需求」與「成長需求」爲主。

關於能夠滿足關係需求與成長需求的溝通方式，有一段話能夠清楚地詮釋。那就是第二十六、二十七代聯合艦隊司令長官山本五十六所說的話：

「若不做給他看、說給他聽、讓他嘗試、給予讚美，就無法帶動人。

若不與之討論、側耳傾聽、給予認可、交付責任，就無法培育人。

若不以感謝之心守護並信任對方的行動，就無法讓人有所成就。」

在戰場上，一個失誤會牽連到包含自己在內的某些人的存亡。這段話就是爲了在生死攸關的戰場中帶動並培育人才而說的。我們也可以從這段話得知，若要引導他人的行動，滿足關係需求與成長需求的溝通方式，是十分重要的。

3-4 帶來聲望的三種一致性

對於「什麼樣的人能獲得性格信任」這個主題，經營者與商業人士的答案多半都是「言行一致的人」、「表裡如一的人」、「遵守承諾的人」、「言出必行的人」等等。

人類容易對言行、態度、信念不一且矛盾的對象，產生不信任感，並判斷對方的性格不佳。因此，人的心理機制會想要避免矛盾，確保一致性。

這種心理傾向稱爲「一致性原則」。

「說到就要做到」的心理機制，也屬於一致性原則。有些拳擊選手會在比賽前說出誇大的勝利宣言，便是利用一致性原則來逼迫自己提升表現的一例。

言行不一、說了卻做不到，或者輕易改變言論、態度與行動的人，應該很難讓人產生性格信任吧。

另外，會視對象而改變態度的人，也令人難以信任。

在客戶、朋友、屬下、父母、孩子、夫妻等形形色色的關係中，自己的態度是否都維持一致、從未改變？面對這個問題，回答「從未改變」的人應該不多吧。

不過，人就是會注意他人是否具有一致性。

有一次，K接到一通推銷電話，由於自己頗感興趣，就決定與該公司的兩名業務員見面。後來，一位四十來歲的主管與二十來歲的屬下一起過來，那位主管滿臉笑容地跟K閒聊。

不久，他們開始進入正題，主管表示「我們帶了說明資料」並催促屬下拿出來，結果屬下慢吞吞地正要從公事包中拿出資料，主管見狀便皺眉催促：「喂，你在幹嘛！」屬下好不容易把資料拿出來，K收下後，那名主管就用輕視的態度說：「不好意思，這傢伙太蠢了，他總是這副德行。」

此時，K心中已經決定這筆交易不用再談下去了，但原因並非出在屬下拿資料的速度太慢，而是那名主管對屬下的態度。

這個人的性格能相信嗎？

一旦產生這個疑問，之後不論對方做了什麼說明，自己都會半信半疑。待業務員說明結束後，K就請他們回去了。

一位經營者T先生宛若現代武士。他嚴於律己，爲人誠實，幾乎每天早上五點前出門上班，並在晚上十二點後才回家，一天只睡三個小時。他和任何人相處都是光明坦蕩、堅守原則且態度一致。只是，他如此忙碌，與太太的關係本應堪憂，但他們夫妻的感情卻相當美滿。

我向他請教原因，他說自己多半在太太起床前出門上班，出門前他就會用毛筆寫封信給太太，放在廚房。他把前一天回家途中想到的事、今天早上起床後想到的事，以及平時的感謝心情，都寫在信上。

另外，早點下班時，他會買一束花給愛花的太太。他說，每個月至少會買兩次，現在他有經常光顧的花店，對花種也逐漸熟悉，家裡時常擺著鮮花。T先生告訴我：「家裡有花是件很棒的事。」

不論是商業上或私底下，也不論對方是誰，他都一律堅持誠實待人的態度。T先生原本就深受許多人信任，聽了這樣的事情後，會讓人更信任他。

另外，人在身陷困境時的舉動與平常的舉動，也會大大影響性格信任。人在身陷困境時會顯露眞實性格，這時的舉動會在他人腦海中留下深刻的印象。倘若有人即使身陷困境也能親切對待他人、保持幽默，就會加深他人對他的性格信任。

當我還是上班族時，曾因爲能力不足而造成某位上司很大的麻煩。當時，那位上司幽默的話語令我至今難忘，讓我對他產生了深厚的信任感。

他說：「藤田，你已經盡了最大的努力，之後的事情就交給我處理。沒問題的，因爲我什麼都不會，只有挨罵最擅長。」

發言、行動、作風都具有一致性；對他人的態度具有一致性；不論身處困境或平時的言行都一致，像這樣具有一致性而不會改變態度的人，被稱爲

「有原則的人」或「不隨波逐流的人」，這種人說的話具有份量，受人尊敬。要活得這麼表裡如一，絕對不容易，必須要自我約束才能做到。而這種約束自己的意識，則會產生引導他人行動的力量。

領導人心法則

⑯ 我相信言行一致、待人不會大小眼、隨遇而安的人。

3-5 公欲與私欲

對於本章開頭的討論主題「什麼樣的人能獲得性格信任」，有不少意見表示這樣的人具有付出的精神、善於照顧他人、體貼且善解人意、爲了他人而行動。

雖然ERG理論列舉出生存需求、關係需求與成長需求，但人類還有其他各式各樣的需求。

這些需求分爲私欲與公欲。

私欲是爲了自己而想做什麼的需求；公欲是想爲了自己以外的人做什麼的需求。公欲是「若能讓他人高興，自己也會高興」的欲望。然而，若想讓對方高興的理由是期待某種回報，那就不是公欲，而是私欲。

賺錢這件事，也依其目的分爲私欲與公欲。

如果是因自己想買車而賺錢，那就是私欲。

如果是爲了在缺乏醫療設施的村莊設立醫院而賺錢，那就是公欲。

私欲與公欲何者較強，因人而異。有人滿足私欲的動機較強，也有人滿足公欲的欲望較強。

只是，公欲強的人，身邊會聚集許多人；私欲強的人，則會讓身邊的人陸續離開。一旦看過各種人的動向以後，就會察覺出那種傾向。

公欲的強烈與否，對於引導他人的行動有著很大的影響。

爲了他人而做的行爲，會強烈地打動人心。

看電影時，若看到劇情裡的某個角色爲了他人而犧牲自己的場面，就會很感動。至於某角色爲了自保而犧牲他人的場面，並不會感動任何人。

爲什麼「爲誰付出」這樣的行爲，會強烈地打動人心？

腦科學家中野信子女士在其著作《從腦科學的角度來看「祈禱」》（脳科学からみた「祈り」，潮出版社）中如此寫道：「過往至今有難以數計的物種陸續滅絕。在這種狀況中，人類藉由相互幫助而存活下來，打造出目前的繁榮。（中略）換言之，人腦會因相互幫助的『利他行為』而感受到快感，而且會率先採取『利他行為』，因為這曾是人類這個物種為求生存延續的唯一武器。」

另外，腦神經外科醫師篠浦伸禎先生的著作《不與人爭，僅與天鬥》（人に向かわず天に向かえ，小學館）寫道，揚棄「私」、發揮「公」的精神，可刺激右腦。

跟其他動物相比，人類的力氣很小，因此，建立相互合作關係及團隊合作，就是最大的武器。或許人類的腦部在合作與否攸關生死的歷史背景中，進化成會對「為誰付出」這樣的行為，感到美好或感動。中文字的「人」，正是象徵著相互支持的意思。

我曾經在講座與進修活動上，請聽眾寫下人生希望實現的二十個夢想。這讓我察覺到各式各樣的事情。

從前，我也曾經請一位聽眾G寫下他的夢想。

想讓公司的營業額達到○○億以上；想要擁有○億的個人資產；想趁身體健康時環遊世界一週；想上電視節目……

雖然他花了時間思考，但是寫了十個以後就寫不出來，便停下筆。接著，他思忖片刻後，發現了某件事。

那就是，這些夢想全都是爲了自己。

之後，他開始思考爲了自己以外的人而想達成的夢想，結果就陸續想到了不少。

想讓屬下擁有幸福的人生；希望客戶的事業更順利。

想讓祖父母抱抱孫子；想帶妻子去法國旅行。

像這樣寫出爲了某人而想達成的夢想後，他領悟到一件事。那就是想讓身邊的人高興、想爲重要的人實現夢想，這些都是他自己的夢想。

爲了實現這些夢想，就不能不知道重要的人的夢想是什麼。於是，他詢問了家人、屬下及朋友的夢想。結果，他發現自己的人生動機改變了。

「聽了大家的夢想，我就想幫助大家實現，然後那些夢想就變成我自己的了。」

實現重要的人的夢想，也是自己的夢想。他說出這些話，才察覺到自己的公欲有多強烈。

強烈的公欲會帶來性格信任，並提高此人的聲望。

人稱「中小企業之神」的企管顧問麥克・葛伯（Michael E. Gerber），將夢想分爲兩類。一種是「個人夢想」（personal dream）：追求個人幸福的夢想；另一種是「非個人夢想」（impersonal dream）：追求社會與他人幸福的夢想。

葛伯先生表示，研究了全球數萬家商業公司後，他發現眞正成功的創業者，都是以非個人夢想爲前進的動力。

另外，松下幸之助先生說過，成功的經營者與失敗的經營者，差別在於私心，經營者若受私心拘束，公司就不會興盛，如果希望公司繁榮，就要祈禱他人也一起繁榮，並期許社會整體同樣欣欣向榮。

公欲變大，就會朝「志」發展。幸之助先生留下一句關於「志」的話：

「所謂的志，是讓能力有限的自己，逐漸超越自己的工作。」

有些事，若是爲了自己而做，就無法那麼努力，但只要是爲了某人而做，就能比平常更努力。你有沒有那樣的經驗呢？

人類的大腦會覺得利他行爲很美好並從中受到感動，因此，藉由公欲可獲得巨大的能量。

無論是經營或商業，時常伴隨著私欲與公欲該以何者爲優先的矛盾。

不過，成就偉大的人都懷有寬廣的公欲。或許該這麼說，就是因爲這些人抱持著公欲，才能展現偉大的成果。公欲所帶動的能量，會讓工作與人生的格局變大。

你的工作目的是什麼？

這個目的的私欲及公欲比例各是多少？

如果目前公欲的比例很低，或許是因爲你還沒察覺到自己的可能性。只要發現公欲也是自己的欲望，就能用更大的格局去掌握工作與人生，還會有自我擴展的可能性。

本章從各種角度講述了「性格信任」這個主題。但「性格信任」這個主題相當龐大，實在難以完整講述。另外，我想大家對「性格信任」的看法應該也不盡相同，不過，若本章能幫助大家獲得性格信任，那會是我的榮幸。

領導人心法則

⑰欲望可分為：自己的私欲及大愛的公欲。

⑱心懷大愛，會讓工作與人生的格局變大。

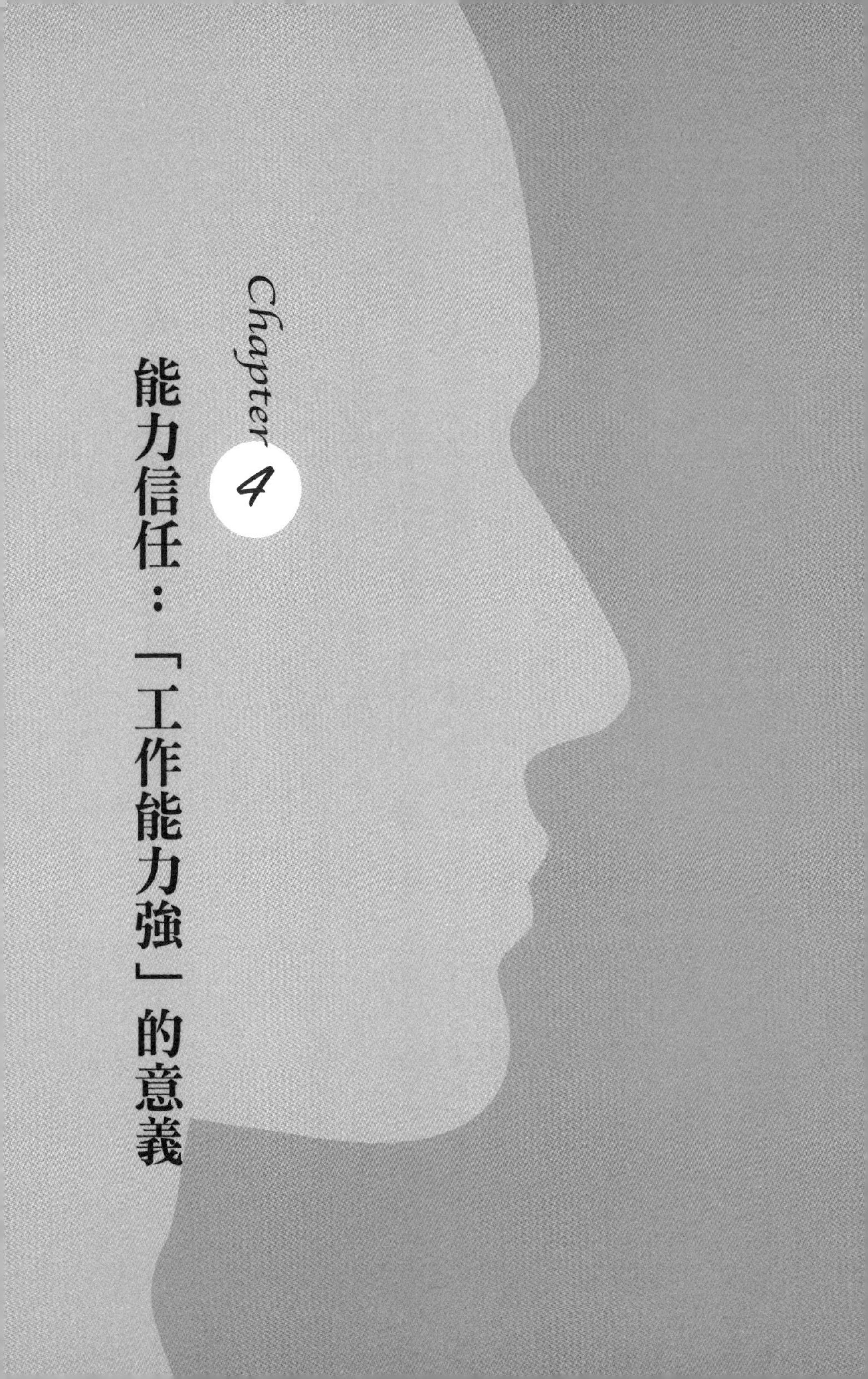

Chapter 4

能力信任：「工作能力強」的意義

4-1 成長快速者的思考模式

我在第三章講述了性格信任。不過，在經營與商業上，單靠性格信任不一定能夠引導屬下、上司、客戶等人的行動。

一個人縱使對某人產生了性格信任，讓情緒腦說了「好」，但是理性腦仍會想要分析及判斷此人的能力是否值得信任，例如工作實力、經驗、專業知識、技術等條件是否充分。然後，當理性腦判斷那些要素十分充分，從此人身上可以感受到性格信任與能力信任時，此人在工作上的言論就會產生力量。因此，在經營與商業的世界中，若想要成功，必須獲得性格信任與能力信任。

工作的相關能力依職務所需而異。職務大致可劃分爲兩種：執行者與管理者。

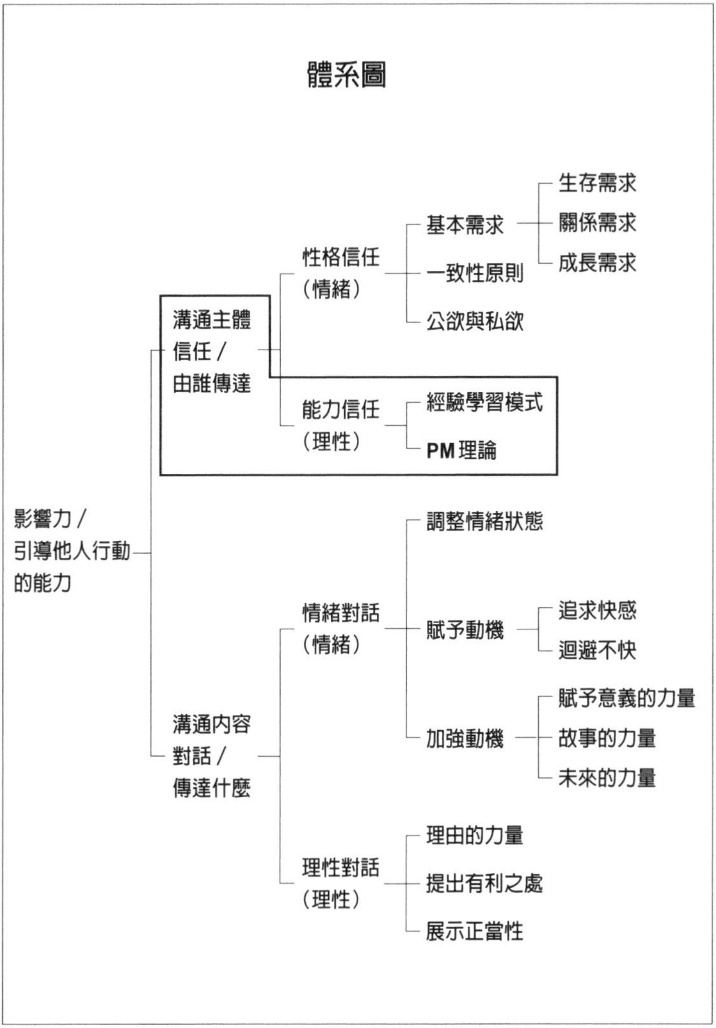
體系圖
影響力／
引導他人行動
的能力
溝通主體
信任／
由誰傳達
性格信任
（情緒）
基本需求
生存需求
關係需求
成長需求
一致性原則
公欲與私欲
能力信任
（理性）
經驗學習模式
PM 理論
溝通內容
對話／
傳達什麼
情緒對話
（情緒）
調整情緒狀態
賦予動機
追求快感
迴避不快
加強動機
賦予意義的力量
故事的力量
未來的力量
理性對話
（理性）
理由的力量
提出有利之處
展示正當性

執行者需要在各項作業與工作上發揮良好的表現。另一方面，管理者需要指派工作給員工，好讓工作現場正常運轉，並讓員工與組織獲得成長。這兩種職務都要獲得能力信任，但所需要的能力大不相同。

因爲業務範圍而實際以客戶、上司、屬下或合夥人等身分與他人往來時，若能拿出職務所需的成果，就能得到能力信任。要是持續拿出成果，長久累積下來就能讓能力信任變得穩固，引導他人行動的力量會從中而生。

爲了拿出職務所需要的成果，就得提升該職務的必要能力。關於這一點，一個人的成長速度夠不夠快，可以透過其思考模式觀察到某種傾向。首先，我想針對這一點講解一下。

組織行爲學家大衛・庫柏（David A. Kolb）將「從經驗中學習」的過程稱爲「經驗學習模式」（experiential learning model），並提出四個過程。

一、體驗到什麼（具體經驗）。

二、從各種角度回顧第一項的體驗（省思觀察）。

三、從第二項的回顧中找出法則性、教訓、訣竅，將之化為概念（概念化）。

四、將第三項的概念實際應用在新的場面（實際嘗試）。

我透過各種公司的進修活動、經營諮詢及其他業務經驗，察覺到成長快速的人會對一個經驗（具體經驗）進行原因分析（省思觀察），探討爲何會順利、爲何不順利，再運用這個分析結果建立假設、進行驗證，在腦中化爲概念（概念化），同時應用這個概念進行新的嘗試（實際嘗試）。有人會將這一連串作業寫在紙上，或是用電腦製作檔案，也有人不知不覺就在腦海中進行。

另一方面，成長緩慢的人就算經歷過什麼，也不懂得分析成敗的原因，更不會將之化爲概念。所以，縱使做同樣的事情也無法成功，或總是重蹈覆轍。

有些新人在有了後輩以後，自己會有大幅度的成長，這件事可用經驗學習模式說明。新人有了後輩，就一定得教導後輩，因此會思考該怎樣才能把工作做好，並將之概念化，再用言語傳達出去。

換言之，強制性地進行概念化，會促進當事人的成長。

當有人來找我諮詢，表示想讓自己的員工有所成長時，我就會請對方針對員工的業務領域舉辦分享會，讓員工分析成功與失敗經驗的背後原因，並與大家分享。

即使是平常不思考這種事的人，只要被問到「請把你的主張告訴我」，對方就會回顧過往經驗、分析原因、驗證假說，並整理成某種結論。最後，對方得出的結論會成爲其資產，同時也可以藉由聽取他人的主張，學到可立刻運用在業務上的智慧。

像這樣給予對方提供意見的機會，促使其將經驗概念化，對於促進對方的成長而言，是非常有效的方法。

如果想在工作上拿出成果並獲得能力信任的話，可以運用這個想法。訣竅就是將經驗化爲概念，並假設自己要把這個概念傳授給某人，使他可用來處理各式各樣的業務。只要抱著這樣的意識去面對每天的業務，能力的成長速度就會提升。

領導人心法則

⑲ 持續分析成功或失敗的原因，並應用這個心得，就會進步神速。

4-2 工作能力強卻無法出人頭地的人

執行者若要得到能力信任，就需要具備迅速且正確的業務執行能力、業務經驗、專業能力、專業知識、良好的工作程序、優秀的工作技巧，以及出眾的溝通能力。一般而言，「工作能力強的人」，這些能力都很傑出。

另一方面，管理者需要的能力，是把工作指派給員工，好讓工作現場運轉、培養員工與組織，並讓團隊與組織發揮最佳表現。

執行者需要讓「自己」發揮良好表現的能力，管理者則需要讓「屬下」、「團隊」、「組織」發揮良好表現的能力。

這兩種能力截然不同，有些人雖然是一流的執行者，卻是二流的管理者。這樣的人多半有一項特點，那就是無法把工作託付給屬下，全都攬在自己身上。

我曾經爲衆多領導者提供諮詢服務，其中最多人諮詢的問題是：無法培育屬下，只有自己忙昏頭。而經營者又最常有這種傾向。

尤其是執行者本身的能力愈強，對屬下的要求標準就愈高，導致無法將工作完全託付出去，全都攬在自己身上，結果就陷入這種狀況。

屬下若是待在這種管理者身邊，就沒有機會負責難度較高的工作。另外，由於屬下都是按照管理者的指示行動，也沒有機會成長。考慮到屬下的成長，管理者需要在大致了解屬下的能力後，抱持著「若屬下失敗，自己要扛起責任」的覺悟，將工作託付給對方。

另外，提到管理者的能力，我想談談社會心理學家三隅二不二先生提出的「PM理論」，這是展現領導能力機能的理論。

P機能（performance function）指藉由設定目標、制定計畫、指示、斥責鼓勵，提升成績與生產力；M機能（maintenance function）指保持良好的團體人際關係，加強及維持團隊合作的能力。接著，領導力可依這兩種能力的強弱，分爲以下四種類型。

一、**PM型：P、M機能皆強。擁有提高生產與達成目標的能力，也能維持良好的團體人際關係，擁有統整力。此為理想的領導者類型。**

二、**Pm型：P機能強，M機能弱。雖然擁有提高生產與達成目標的能力，但缺乏維持良好的團體人際關係的能力，統整集團的能力很弱。**

三、**pM型：P機能弱，M機能強。雖然能夠維持良好的團體人際關係，且擁有統整能力，但是提高生產與達成目標的能力很弱。**

四、**pm型：P、M機能皆弱。無法提高生產，達成目標的能力也很弱，且難以維持良好的團體人際關係，統整能力同樣不佳。此為不及格的領導者。**

在管理者當中，也有人認爲「工作＝發揮P機能」。結果，那種人會成爲Pm型的管理者，執行力高的人一旦成爲Pm型管理者，可能會讓團隊或組織面臨嚴重的危機。

「雖然他的工作能力很出色，但是他高傲自大，讓我很苦惱。在他手下工作的人大多有所不滿，離職者接連不斷，所以，不管過多久都無法統整工作現場。但由於他的工作能力強，身爲上司的我也很難對他說重話。」

某人雖然工作表現優秀，卻高傲自大；工作本領佳，卻沒有人情味。同時，他還表現出「我做了那麼多事，沒道理要被說三道四」的態度。

確實，他的工作表現傑出，倘若離職，工作現場就無法順暢運轉。所以，就算是上司也難以對他嚴厲說教。結果，團隊與組織的氣氛變得凝重，在他手下工作的人一直感受到強大的壓力。

當我提起這種案例，仔細聆聽並表示「我懂！其實我們公司也有這種困擾」的領導者也不少。顯然，苦惱於如何對待這種人才的領導者不在少數。

這個案例的「工作能力強」意指身爲執行者的能力出衆，因此情況是，身爲執行者得到了能力信任，但身爲管理者卻沒有得到能力信任。周遭人會希望這種人提高 M 機能，變成一流的管理者。

這種人的腦筋轉得快，成功經驗豐富，對自己充滿自信，因而難以接受其他人的意見，也經常否定他人。當這種人身爲執行者，不但能讓周圍的人佩服，還能在公司內部擁有發言權與影響力。尤其這種人對營收有相當大的貢獻，或者公司的業務只有這個人會處理時，無論社長或上司都很難對他嚴厲說教。

短期來看，這種類型的人或許能對組織做出相當大的貢獻，但是以長期的眼光來看，卻潛藏著讓組織衰退的危險性。

因爲，這種人並不了解能力較差者的心情，會以自大無禮的態度對待其他同事。結果，就讓工作現場的氣氛惡化，造成同事們的壓力，並使團隊與組織的表現水準下降。員工頻繁離職的公司內部，很可能就有這樣的人。

縱使團隊或組織的營收稍微低迷，或者業務表現變差，領導者還是能想辦法堅持下去。但是，內部的人際關係若是崩壞，組織很快就無法運轉。

經驗豐富的人事評鑑者非常了解這種風險，所以不會讓這種類型的員工升遷。

最後，就會變成「工作能力強」但無法出人頭地的狀況。

能力出色的執行者，若想成爲有能力的管理者，最重要的是必須懂得尊重他人，理解工作能力較差者的心情，並且放心地把工作完全託付給他人。

因此，我們把「工作能力強」做一個廣泛的定義：不只是P機能，M機能也同樣優秀，才能算是「工作能力強」，擁有這種認知也很重要。

領導人心法則

⑳ 管理者需要「達標」與「維持好人緣」兩種能力。

4-3 對組織而言，誰才是眞正的英雄

一名出色的管理者會顧全所有人的面子、激發屬下的幹勁，必要時還能扮演幕後輔助的角色。爲了團隊與組織全體，採取最適宜的運作方式，這也是管理者的能力特色。

擁有這種優秀能力的人若是成爲領導者，就有機會讓團隊或組織快速成長。尤其中小企業的情況更是如此，公司能不能更上一層樓，端看公司內部有沒有這一類優秀人才。

因此，經營者與人事負責人都渴求管理能力佳的人才。

有一家資訊科技企業的營收與員工人數年年大幅增加，公司成長快速。該公司成立後，曾有幾年都在原地踏步。原因是公司缺乏具備管理能力的人才。

當時，公司優先錄用持有特殊資訊科技技術的人才，接到的訂單也以需要該類技術的業務爲主。結果，公司與社長開始依賴擁有特殊技術的人才，導致社長的發言權被削弱了。

這家公司與其說是團隊，不如說是在同一個場所進行工作的聚集體。公司內部毫無向心力，員工們任性行事的狀況讓人無法忽視。最後，各式各樣的勞動問題突然爆發，社長必須耗費相當多的時間去處理，公司的成長則變成了次要任務。

在反省之後，該公司錄用新人時，不再只注重執行者的技術，而是重視新進人員是否擁有顧全公司整體的能力。最後，該公司雇用了擁有這種能力的人才，而這個人更成爲社長的左右手。

他會提供各種建議給社長，但最終仍會尊重社長的想法，並積極傾聽其他員工的煩惱。倘若公司發生什麼狀況，他會在工作現場的員工抱怨之前，就將狀況傳達給社長，同時代替社長告訴工作現場的員工，如何具備考量公司整體的觀點，用這樣的作法一點一滴地營造出組織的向心力。

之後，公司的運作基本上都交由身爲社長左右手的他，如此社長才有時間發展下一步，而結果就表現在業績的成長。

能力強的執行者，也想要當英雄。但無論找來多少這樣的人，公司都難以成長。

另一方面，也有人以「讓組織全體都成爲英雄」的想法工作。這種人進入組織以後，組織就會大幅成長。對組織而言，這種人才是眞正的英雄。一個出色的管理者，能夠採取有利於公司整體的行動。

將自己想當英雄的心情，轉換成想讓團隊與組織都成爲英雄的心情。我認爲這種轉換，應該會讓管理者本身的能力愈來愈強。

「爲什麼想要讓屬下成長？」

從這個問題的答案可以窺見一位管理者的資質。

或許大多數人會回答：「如果能夠把現場工作交給屬下，自己就可以專注於管理工作。」或是「因爲業務效率會提升，生產力會提高。」另一方面，也有人會回答：「因爲屬下成長這件事本身就值得高興。」

無論哪個理由都很重要，不過第三個理由及其強烈程度，會影響到屬下的成長幅度。懷抱第三個想法的管理者，希望讓屬下體會到「勝利」的滋味，而自己也能跟屬下分享喜悅。如果管理者想讓屬下體會簽下契約、達成目標、完成案件這種「勝利」的滋味，就會提供屬下各種協助，當屬下體會到「勝利」的滋味後，管理者自己也會很高興。

某位社長繼承了瀕臨破產的公司後，重建了事業。我和這位社長討論今後的事業計畫時，問他到底希望打造出什麼樣的公司，以及想透過自己的經營生涯做些什麼？

就算提到公司規模擴大、展開新事業、創造出更多利益這類話題，社長也是一臉沒興趣的樣子。然而，一提到關於員工養成與進步的話題，社長的表情突然變得明亮了起來，並開始滔滔不絕。

「這位員工要是能這樣成長的話，就太好了。那位員工喜歡這樣做，另一位員工喜歡那樣做，我要做些什麼才能讓他們成長呢？」他雙眼炯炯有神地問我。

「員工的成長，才是我的喜悅。」這位社長無疑在員工的成長中，找到自己的工作價值與生存價值。員工若是待在這種領導者身邊，就能在強烈的信任關係中成長茁壯，公司的業績也會隨之提升。

我覺得他之所以能夠成功重建瀕臨破產的公司，原因就在於此。

爲了讓業務運作變得更有效率而欲使屬下成長的管理者，以及把屬下的成長視爲自己的事情而感到快樂的管理者，這兩者的屬下成長欲望與成長速度是天差地別的。這些差異也會顯現在團隊或組織的表現上，就結果而言，周遭對於管理者能力的評價，也會產生很大的差異。

自己想要讓誰當英雄？想讓屬下成長的理由又是什麼？問問自己，或許就能成爲管理能力開花結果的契機。

而且，還會讓自己變成「工作」能力更加出色的人。

你想獲得哪方面的能力信任？依據不同的答案，待人處事的方式會有很大的不同。而且應該也有人注意到，要先獲得性格信任，才能獲得身爲管理者的能力信任，這兩者大有關係。

近年來，年輕人對職場的要求，比起高薪，更希望人際關係良好，這種傾向愈來愈明顯。因此，維持良好人際關係的管理能力，今後將會更重要。

另外，在往後的時代，人工智慧取代執行者工作的部分，應該會增加。然而，管理者的工作並非人工智慧能輕易取代。

我覺得在人工智慧加速進化的今後，提升管理能力及獲得管理方面的能力信任，變得愈來愈重要。

然後，「工作能力強」的定義，應該也會隨之改變吧。

領導人心法則

㉑管理者必須決定英雄由誰當？是自己？還是團隊或組織？

㉒樂見屬下成長的管理者，利於促進組織整體的成長。

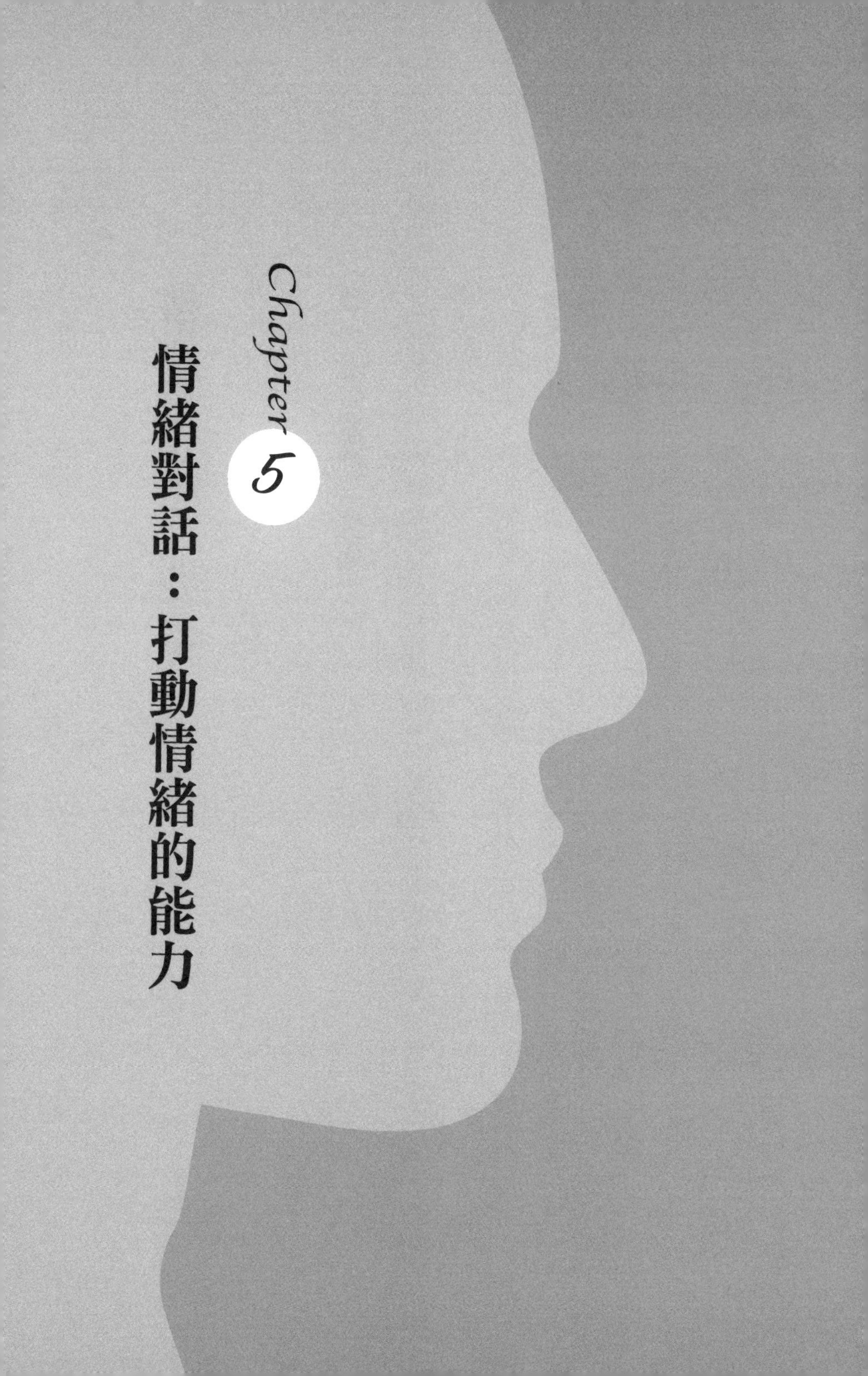

Chapter 5

情緒對話：打動情緒的能力

5-1 情緒對話三要素

❶ 大腦最喜歡「情緒」

我在第三、四章中談到溝通中的「由誰傳達」，表示引導他人行動的基礎是信任，先獲得信任，話語才會有力量。

接下來，我想談論有關「傳達什麼」的對話。如同第二章所述，讓情緒腦說「好」的對話是「情緒對話」；讓理性腦說「好」的對話是「邏輯對話」。

動物有各自的喜好，像是兔子喜歡胡蘿蔔，猴子愛吃香蕉，無尾熊則喜愛尤加利葉。

人類的大腦也一樣有喜好，其中之一就是「情緒」。

體系圖

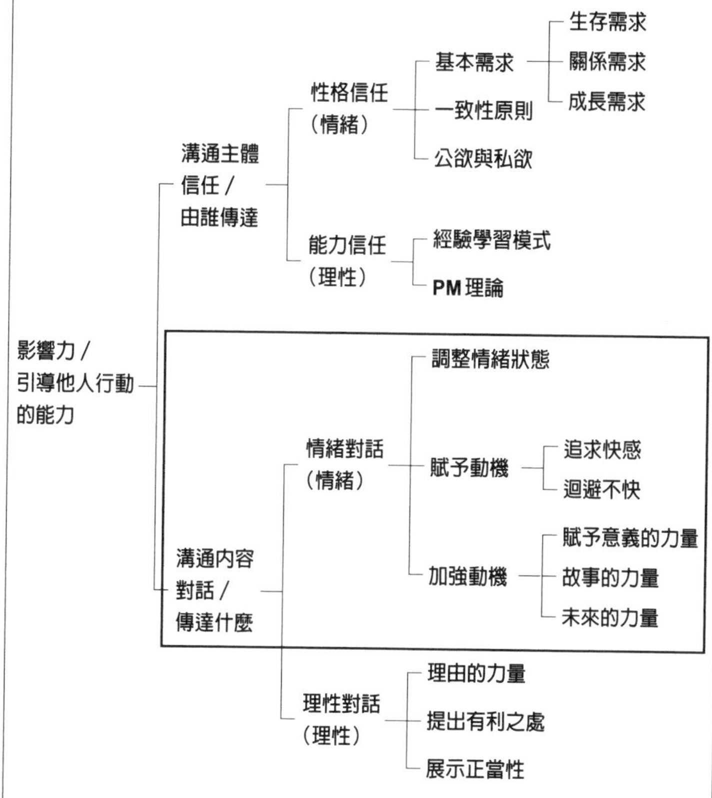
影響力／引導他人行動的能力
溝通主體信任／由誰傳達
性格信任（情緒）
基本需求
生存需求
關係需求
成長需求
一致性原則
公欲與私欲
能力信任（理性）
經驗學習模式
PM理論
溝通內容對話／傳達什麼
情緒對話（情緒）
調整情緒狀態
賦予動機
追求快感
迴避不快
加強動機
賦予意義的力量
故事的力量
未來的力量
理性對話（理性）
理由的力量
提出有利之處
展示正當性

我想，喜歡看電影或連續劇的人應該很多，如果這麼做卻無法產生任何情緒，大家就不會覺得有趣吧？如果跟某人喝酒，但沒有產生任何情緒的話，以後就不會想跟那個人去喝酒吧？換言之，人之所以看電影或連續劇、喝酒，都是因為想要體驗做這些事所產生的情緒。

對於人類喜歡的「情緒」，本章將一面解說其性質，一面談論情緒對話。

情緒腦的判斷標準是「覺得愉不愉快」，因此情緒對話便是以此為判斷基礎，藉由打動情緒去引導他人行動。

情緒對話由以下三個要素構成：

一、**調整情緒狀態**；二、**賦予動機**；三、**加強動機**。

將彼此的情緒調整成良好狀態，賦予對方動機，引導對方走往我想要的方向，再打動對方的情緒，加強其動機。

我在第三章提到，認同對方的溝通方式，有不否定、稱讚、傳達感謝、傾聽、慰勞，這些都是要將情緒調整至良好狀態。

希望大家能明白，情緒對話是以這些溝通方式爲基礎後，再繼續閱讀接下來的內容。

領導人心法則

㉓ 採用認同對方的溝通方式，你我都開心。

❷ 情緒會感染

倘若要進行情緒對話，首先要從「把雙方情緒調整至良好狀態」開始。與人相約洽談事情，除非有時間限制，否則一般人很少直接進入正題。我想，大家一開始都會笑著打招呼，輕鬆閒聊一下，再慢慢地將雙方的情緒調整至良好狀態。這是因爲大家在無意間察覺到，如果彼此要進行良好的對話，最好在對話開始之前，先調整彼此的情緒。

進入正題以後，需要讓彼此的情緒維持在良好狀態。爲此，必須留意幾個重點，其中一個就是「情緒會感染」。

一九九六年，在義大利，「鏡像神經元」（mirror neuron）這種神經細胞被發現。在靈長類等高等動物的腦中，鏡像神經元的作用會對其他個體的行爲或情緒產生反應並模仿。此神經細胞會將看到的行爲當成自己的行爲般產生共鳴，掌管著同理能力，讓人宛如親身經歷了所看見的他人行爲。

人類藉由鏡像神經元的作用，得以理解與自己共處的對象所擁有的情緒，並且想要與之同步。然後，在聽對方說話時，能夠產生共鳴或同理心，覺得自己彷彿跟對方擁有一樣的體驗。

看見某人笑，自己也會開心。

看見某人哭，自己不禁跟著落淚。

看電影的時候也是如此，即使影片中發生的事與身爲觀影者的自己無關，自己還是會對劇中角色產生同理心，與角色一同喜怒哀樂。

這也是鏡像神經元的作用。

有個與之相關的心理學名詞是「情緒感染」（emotional contagion）。意思是某人的情緒會感染給其他人。情緒感染並非有意識地進行，而是在無意識之間對彼此情緒帶來影響的反射性作用。

若跟愉悅的人待在一起，自己也會開心；若跟悲傷的人待在一起，自己也會難過。我想，各位過去應該有很多這樣的經驗吧。

所以，情緒會從一個人感染另一個人，彼此互相影響。

對方的情緒感染自己，自己的情緒也會感染對方。倘若對方表現得很積極，自己的情緒也容易變得積極；如果對方很消極，自己也容易變得消極。同樣的，假如自己擁有正面情緒，對方也容易變得正面；自己若擁有負面情緒，對方的情緒也容易變得負面。

情緒擁有這樣的性質。

如果上司在規勸屬下時，態度煩躁不悅，那麼被規勸的屬下也會感到悶悶不樂而無法坦率地接受。相反地，倘若上司態度冷靜地教導指正，屬下也容易保持冷靜，能坦率接受上司的指示。你是否有過這樣的經驗？

以進行簡報來說，縱使簡報的內容很出色，只要發表者表現得很緊張，聽眾就難以平心靜氣地聽取簡報。相反地，就算簡報內容差強人意，只要發表者抱著熱忱、從容自得地報告，就有可能將熱情傳達給聽眾。

這種狀況也是情緒感染的例子。

另外，如果雙方是上下關係，則是上司對屬下具有強大的影響力。

例如，領導者若顯得神經質，辦公室的氣氛就會變得緊張；倘若領導者表現得溫和平靜，屬下就會感覺心情放鬆並能夠好好工作。

除了領導者與屬下以外，還有前輩與後輩、顧客與賣家、父母與子女、老師與學生這些上下關係。

位於自己下位的人，比想像中還要容易受自己的情緒影響。所以，在跟屬下或後輩相處時，一定要意識到自己的情緒影響力。

因此，身爲上位者，首先必須要做的就是管理自己的情緒。若是上位者的情緒不穩定，組織或團隊成員的情緒也會跟著起伏；成員的情緒若受到影響，表現與業績也會隨之惡化。

若要做情緒管理，首先要認識自己的情緒。現在，自己的情緒處於什麼狀態？是否煩躁不安、焦慮、興奮、情緒過於高昂或萎靡？

這種情緒狀態會帶給周遭什麼樣的影響？如果為周遭帶來不良的影響，自己該怎麼做才能改善現在的情緒狀態？

上位者或領導者必須自問自答，面對自己的情緒並管理情緒。

某位幼稚園老師曾經告訴我：

「學生對老師的情緒很敏感。當我站在學生面前時，如果因為某件討厭的事導致情緒不穩，學生就會吵鬧、不聽話。相反地，當我因為某件開心的事，情緒狀態非常好，學生也會變得順從、守秩序。所以，當我發現學生開始胡鬧時，就會先檢視自己的情緒狀態，確認自己是不是情緒不穩，並調整自己。」

這位幼稚園老師的實例，就思考情緒性質來說相當有意思。

或許，有時候你會覺得自己的情緒快要失控了。

這時就要自問：「這是誰的情緒？」當然，我們會覺得這是自己的情緒。接著問：「認爲這是自己情緒的人是誰？」或許我們會覺得也是自己。接著再問：「認爲這是『自己』情緒的『自己』是誰？」

在反覆問答的過程中，「自己」的概念會逐漸模糊。

當自己的情緒失控到無法壓抑的程度時，通常都是因爲意識過度聚焦在「自己」。所以，當「自己」的概念變得模糊，情緒持有者也會跟著迷糊。於是自己就能夠冷靜看待情緒。

我想，只要思考鏡像神經元與情緒感染的作用，應該就能了解人類的情緒會互相影響。

這對於「對話」來說，也極爲重要。

所以，爲了讓對方的情緒維持在良好狀態，必須先將自己的情緒調整好。

領導人心法則

❷❹人與人之間的情緒會互相感染。

❷❺上司的情緒會影響屬下的情緒。

5-2 賦予動機的兩種途徑

❶「想要變成這樣」的追求型動機

接下來，我要談的是賦予動機。

人在開始行動之前，需要「去做吧」的動機。因此，領導者若想帶動人，必須從這個方向賦予對方動機。

雖然動機的種類涉及許多方面，不過我將形成動機的模式大致分成兩種。一種是想要體驗快感的追求型；另一種是想要迴避不快的迴避型。

第一種動機的範例有：想獲得稱讚，所以努力工作；若是顧客滿意，自己會很開心，所以想要再爲顧客多做一點。第二種動機的範例有：不想惹上司生氣，所以努力工作；不想被客訴，所以替顧客多做一點。

追求型的動機是以喜悅與快樂爲動力，從「想要變成這樣」的想法產生動機。

追求型的動機，與名爲「多巴胺」（dopamine）的腦內物質有關。

多巴胺會在人類達成目標、獲得讚美或正在做開心的事情時分泌，帶來愉快的感受。它與高興、快樂、雀躍、幸福這些情緒密切相關。

大腦分泌多巴胺後，會產生以下作用：幹勁湧現、記憶力提升、專注力上升、學習效果變佳。

有一句諺語是：「興趣是最好的老師。」也就是因喜歡而享受所做之事，或許可以這樣詮釋：在做自己喜歡的事情時，多巴胺會同時分泌，因此做任何事都會更快上手。

大腦學到了執行某行動能得到愉快的感受後，就會想要再度執行該行動，以再度獲得愉快的感受。換言之，多巴胺具有成癮性，一旦體驗到這種快感，就會受衝動驅使而想再度體驗，或者想體會更強烈的快感。這一點會影響到接下來要提的幹勁。

在體會過一次多巴胺的快感後，人就會爲了再次體驗而行動，這個行動逐漸被強化的情況，就稱爲多巴胺的「強化學習」。

強化學習對於人類的成長有非常大的影響。

達成某個目標後獲得成就感、體驗到快感後，就想要體會更強烈的成就感與快感，因此會設定更高的目標並繼續挑戰。

在挑戰更高目標的過程中，人都會練習、思考訣竅或學習，因而能獲得成長。

當你把受委託的工作順利完成，獲得上司的讚美後，就會產生自信，並想做更困難的工作。當你在玩電玩遊戲時，只要闖關成功，就想要挑戰難度更高的關卡。當你的成績在百名中排第十二名時，接下來就想要以前十名爲目標。這些也算是強化學習的例子。

相反地，在達成一個目標後，若是無法找到下一個目標，往往就會失去幹勁。

若是你順利完成工作，卻沒有被稱讚，還一直被指派去做同樣的工作，如此持續下去，就會漸漸失去幹勁。當你玩電玩遊戲時，若是沒有難度更高的關卡，只能不斷打倒很弱的敵人，就會失去幹勁。若是你以前十名爲目標，但是他們的成績卻比你高出太多，就會覺得自己不可能超越而失去幹勁。

因此，人若是找不到下一個目標，就會失去幹勁。

我曾經聽說奧運金牌得主陷入身心俱疲症候群的實例。運動員帶著飽滿的幹勁，朝著奪下金牌的目標而持續努力，但獲得金牌後卻沒有更上一層樓的目標，導致運動員失去幹勁。

這種狀態便是脫離了強化學習的循環。

爲了維持幹勁並持續成長，關鍵在於能不能進入強化學習的循環。

我們知道人類會爲了追求更強烈的快感刺激，而尋找自己能夠達成的下一個目標，並朝著目標再努力以持續成長。

基於這種人心特質，領導者能不能發揮領導力去引導出追求快感型的動機，將會大大改變組織與團隊的表現。

領導人心法則

㉖ 我會為了「追求快感」或「迴避不快」而做某事。

㉗ 爲了再度體驗快感，我會展開學習。

❷「不想變成這樣」的迴避型動機

迴避型動機以恐懼與不安爲動力，從「不想變成這樣」的想法衍生。

迴避型動機與「去甲腎上腺素」（noradrenaline）這種腦內物質有關。

當一個人感受到恐懼或不安等壓力時，腦內就會分泌去甲腎上腺素。這時，心跳加速、頭腦變得清醒、專注力提升，同時大腦被活化，讓判斷力隨之提升。

去甲腎上腺素也稱爲「戰或逃」荷爾蒙。

在遠古時代，人類一遇到肉食動物等外敵就會感到恐懼，並想要採取戰鬥或逃跑的行動去迴避這種恐懼。等到人類與外敵戰鬥並擊敗對方，或者成功逃離外敵後，人類對於外敵的恐懼就會消失。因此，人類爲了迴避「恐懼」這種不愉快的感覺，身體會做好戰鬥或逃跑的準備，使得心跳加速、專注力與判斷力提升。

在現代社會，人們感受到恐懼的代表性例子，是被上司、客戶、老師或父母斥責。人們被上司責罵時會感到恐懼，同時希望不要再發生這種狀況，進而爲了避免重蹈覆轍而想要修正行動。或者，當自己還沒準備好明天的簡報時，應該會想：「慘了！得趕快準備才行！」並發揮極佳的專注力。

說到這類情況，各位在腦海中是否閃現了小學或國中的暑假作業？在當時，基於各種理由，作業總是會被拖到最後一刻，到了八月接近尾聲，才驚覺：「糟糕！只剩下三天了！」並發揮超高專注力努力趕工。相信不少人有過這種經驗吧。

大家都聽過這種形容吧——「洪荒之力」與「背水一戰」，人類在危急時刻，有可能會發揮出平常所沒有的驚人力量。

也有人認爲自己是屬於被逼迫才會發揮出真正實力的類型，這種人應該經常透過去甲腎上腺素的幫助而度過難關。

若想引導他人的行動，有時誘發其迴避型動機，效果也很好。

領導人心法則

㉘當我被逼到絕境而恐懼時，體內分泌的去甲腎上腺素會提升專注力和判斷力，同時讓我逃離恐懼。

❸消費是為了得到快感，還是迴避不快

人類的消費行爲也受到追求型與迴避型這兩種動機的影響。

消費行為有兩種，一是基於「想要獲得快感」的動機而購買的追求型；二是基於「想要迴避不快、想從不安的狀況中解脫」的動機而購買的迴避型。

追求型的消費行為如下：

- **想要在家裡欣賞劇院級的電影→去電器行購買家庭劇院組**
- **想佩戴高級手錶展現社會地位→購買瑞士高級手錶**
- **想要在氣氛佳的環境享受美味料理→到三星級餐廳消費**

迴避型的消費行為如下：

- **想要治好牙痛→找牙科接受治療**
- **若有不測，不想因缺錢而困擾→購買保險**
- **想要脫離狹窄的居住空間→購買獨棟房屋**

因此，在進行行銷或洽談業務時，若有思考到這些動機類型，其效果就會提高。

掌握顧客是出於何種動機而想購買產品或服務，把消費者追求快感或迴避不快的印象，反映在官方網站、傳單、商品手冊、其他廣告或店內設計等地方；同時，在與顧客對話或說明時，也要明確地傳達出這些印象，這麼一來就能提高顧客的消費意願。

另外，如果進行了其中一種動機的說明，顧客還是沒有購買意願的話，只要再進行另一種動機的說明，就可以讓顧客下定決心購買。

舉例來說，顧客前往電器行購買家庭劇院組的消費行為，可能出自於「想要在家裡享受劇院級的電影」的追求型動機。當這個動機不足以讓顧客下手時，可以告訴顧客：「庫存只剩下一組。」就有可能讓顧客心想：「糟糕！要是賣光，就買不到了。」因而產生迴避型動機並購買。

另外，購買獨棟房屋的消費行為，可能出自於「想要脫離狹窄的居住空間」的迴避型動機。當這個動機不足以讓顧客下手時，可以建議顧客：「您不想擁有自己的書房嗎？」顧客可能會想：「自己的書房啊，那也不錯。」

從而產生追求型動機並購買。

對哪種類型的動機擁有較強的反應，因人而異。

不過，一般來說，比起「要是可以這樣就好了」、「想要變成這樣」的追求型動機，「糟糕！必須做些什麼才行」這樣的迴避型動機，比較具有衝動性又能立即見效。

遠古時代，人類爲了保護自我不受外敵攻擊，腦部會分泌去甲腎上腺素，使自己在瞬間進入戰鬥或逃跑狀態。據說，因爲去甲腎上腺素攸關性命，所以會產生最優先的動機。

因此，在關鍵時刻，刺激迴避型動機是很有效的。

話雖如此，還是得注意迴避型動機的運用頻率。

我在前面也提過，若要引導他人的行動，取得信任是不可或缺的。倘若人們頻繁被激發迴避型動機，對於對方也不會留下好印象。

要是因此失去他人的信任，可就賠本又失利了。

我想，各位都看過過度煽動迴避型動機的宣傳或廣告，人們對於打出這種廣告的公司，應該很難產生信任感吧。

並不是隨意刺激他人的動機就好，必須以維持信任關係爲優先，在此基礎上進行引發他人動機的對話。

領導人心法則

㉙ 消費行為的動機，分為追求快感型與迴避不快型。

❹「稱讚」與「斥責」的最佳比例

「請寫下今年的業績目標金額，是一定會達成的金額喔。」

一位業務團隊的領導人，在新會計年度的第一場業務會議中，對業務員這麼說。接著，他把大家寫上今年業績目標金額的紙張收回，貼在牆上。

「如果所有人的業績都達到了，大家就一起去夏威夷玩吧。當然，旅費全部由公司支付。但是，只要有一個人的業績沒達成目標，夏威夷之旅就不能成行。」

大家一想到免費暢遊夏威夷，「那樣應該會很開心吧」的追求型動機就被引發出來；追求型動機愈大，那麼覺得「如果自己沒達成目標會害到大家，那樣就慘了」的迴避型動機，就會愈強烈。

這個指令強烈引發了屬下追求快感型與迴避不快型的動機。

事實上，這個團隊每年都能做出相當好的業績，是運用這兩種動機的成功案例。

時常有人說，糖果與鞭子對於帶人而言很重要，而領導方法也分爲追求型與迴避型。團隊成員會因爲「想獲得好評價、想獲得稱讚」的追求型動機而努力，也會因爲「不想獲得壞評價、不想被斥責」的迴避型動機而努力。

如果稱讚無效，就試著斥責；倘若斥責沒有用，就試著稱讚。

假使談論令人雀躍的未來卻無法帶動人，就試著讓員工產生危機意識；

倘若營造危機意識卻無法帶動人，就試著跟員工談論令人雀躍的未來。

哪種方法有效，不僅因人而異，也因領導者與對方之間的關係而異。因此，領導者必須看清對方的特質，摸索出有效的相處方式。

不過，迴避型的方法會伴隨著緊張、焦躁與壓迫等感受。

如果這種狀況長期持續，員工的身心將會瀕臨崩潰極限。因此，刺激迴避型的動機，雖然能在短期內帶來相當好的成效，卻很難長期持續下去。

美國心理學家馬西歐．洛薩達（Marcial Losada）對於「稱讚」與「斥責」的最佳平衡，有一項相當有趣的研究。他以六十個管理團隊為研究對象，記錄並分析這些人在溝通中使用的正面話語及負面話語。

依據其結果，計算出在生產力、顧客滿意度、公司內評價等方面發揮良好表現的團隊，在溝通中使用的話語，正、負向比例約為「六：一」。

此外，他還推導出一個結論：人類若要發揮良好的表現，則要將正面情緒與負面情緒的比例維持在「三：一」左右。

其他還有各種關於「稱讚」與「斥責」比例的研究結果。不過就我所知，無論哪一項結論，都是「稱讚」的比例必須比「斥責」多。

江戶時期的農政家與思想家二宮尊德說：「若疼愛之，得教誨五、稱讚三、斥責二，使之成為好人。」也是在建議稱讚的次數要多於斥責的次數。稱讚次數多過斥責次數，能使個人與組織都變得活躍。雖然也會有例外，但我認為大多數情況下都是如此。

因此，若要讓他人的幹勁或士氣長期維持在良好狀態，就要引發追求型動機，在此基礎上設定適當目標，並在達成目標的過程中提供支援，達成目標後則要稱讚對方，接著再設定更高的目標。如此引導他人進入多巴胺的強化學習循環的同時，該斥責的時候還是要確實斥責，以此刺激迴避型動機，維持適度的緊張感。

若要讓個人與組織長期維持其活躍性，這種處理方式應該具有成效。

如果你想要引導對方的幹勁、提升其表現，就要注意追求型與迴避型動機的最佳平衡，有意識地運用這種領導方式，一定能讓對方的幹勁與表現有所變化。

領導人心法則

30 領導方法分為追求快感型與迴避不快型。

31 以追求快感型為主，搭配迴避不快型來領導，就能活躍屬下和組織。

5-3 賦予意義的力量，能左右情緒狀態

❶ 你擁有什麼樣的情緒，由「賦予意義」決定

接下來要談論的是「如何加強打動情緒的動機」。先前提到動機有追求型與迴避型兩種。那麼，愉不愉快的情緒究竟是經由何種過程產生的？

人類在遭遇某事以後，就會產生各種情緒。若有好事發生，就會出現開心、快樂等正面情緒；若有壞事發生，就會產生憤怒、悲傷等負面情緒。很多人認爲情緒是由遭遇的事情來決定。

但事實並非如此。從事情發生到產生情緒之間還有一項程序，那就是「賦予意義」。

情緒的產生過程

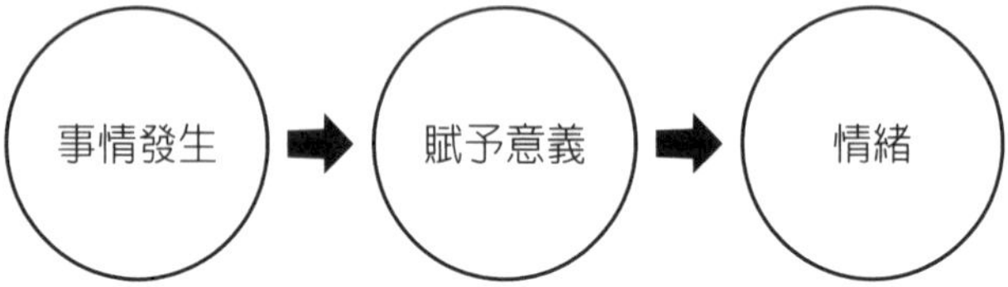

當事情發生後，人會賦予這件事情某個意義，再依照此意義產生情緒。

認爲發生的事情是「好」、是「壞」的判斷，源於自己賦予的意義，事情本身並不具有「好」、「壞」的意義。如果自己對於發生的事情賦予「好」的意義，就會產生正面情緒；如果賦予其「壞」的意義，就會產生負面情緒。到底會產生什麼樣的情緒，都是由自己賦予的意義決定，並藉由這個行爲，選擇產生什麼樣的情緒。

不過，賦予意義是在無意識中進行的，因此，若要察覺賦予意義這項程序的存在，應該相當困難。

中國古書《淮南子》有一篇故事是「塞翁失馬，焉知非福」。

在中國北邊國境的要塞附近，住著一個懂占卜的老人。

有一次，老人飼養的一匹馬朝北邊胡國的方向逃走了。鄰居十分同情老人，便去安慰他，但老人一點都不覺得可惜，反而說：「這件事不見得是不幸。」

某天，之前逃走的那匹馬，帶著許多胡國的良駿回來了。於是，鄰居紛紛向老人祝賀，老人卻搖搖頭說：「這件事說不定會成爲災難。」

不久後，老人的兒子就從馬背上摔落，摔斷了腿骨。鄰居覺得很可憐，便去安慰老人，沒想到老人泰然自若地說：「這件事不見得是不幸。」

一年後，胡人襲擊要塞，附近的年輕人都被徵召參戰。雖然後來成功地守住要塞，卻有許多年輕人在戰爭中失去性命。

老人的兒子因爲腳傷不必參戰，而保住一命。

人會因爲所處的環境、文化、過往的人生經驗、價值觀與想法、成見、常識等原因，下意識地對遭遇的事情賦予意義。但是，藉由「塞翁失馬，焉知非福」的故事，各位應該明白，事情的意義會因時改變，事情本身不具有唯一而絕對的意義。

倘若情況有變化，人們賦予事情的意義也會跟著改變。然後，人們的情緒就會隨著意義的變化而有所改變。

無論自己賦予了那些事情什麼意義或情緒，它們都是淡淡地發生，又淡淡地過去了。

「這個世界的各種存在，時時刻刻都在流動變化，就算是一瞬間，也無法維持同樣的狀態。」

這就是佛教所說的「諸行無常」。

人賦予某事的意義，有時候也會有所改變，而非永恆。既會因樂生悲，也會因悲生樂。不論自己感到喜悅或悲傷，讓自己產生情緒的都不是發生的事件，而是賦予事件意義的自己。

責怪他人的意識愈強的人，就愈難察覺這件事吧。

一如奧地利心理學家阿爾弗雷德・阿德勒（Alfred Adler）所說：「人類

住在人（主觀）賦予意義的世界。（中略）只要身爲人類，就無法不去賦予意義。我們只透過自己賦予的意義去體驗現實，不是體驗現實本身，而是體驗以某種形式解釋的現實。」

領導人心法則

㉜ 情緒會依據我對某事所下的定義而改變。

❷ 藉由改變意義來打動情緒

有時候，就算想讓對方產生動機，也會因爲對方賦予了負面意義，導致其行動能量枯竭。這時，就得推測對方如何定義現狀，並且一定要恢復他的能量。必要時，改變對方對於現狀的定義，也可以讓對方產生動機。

有個關於改變「賦予的意義」的理論，是美國臨床心理學家亞伯・艾里斯（Albert Ellis）提倡的心理諮商理論——ABCDE理論。這個理論認爲，個人的情緒與行動，並非直接由發生的事件引起，而是受個人賦予的意義所影響，並主張可藉由適度影響個人所賦予的意義，修正其扭曲的看法與悲觀思維，引導個人產生更好的情緒或採取更好的行動。

「ABCDE」取自以下單字的首字母：

Activating event（發生的事件）

Belief（信念。賦予事件某意義的價值觀、想法。）

Consequence（結果。賦予事件某意義後，所產生的情緒或行動。）

Dispute（辯駁。反駁信念。）

Effects（效果。反駁信念後，帶來更佳的情緒或行動。）

當一個人對於某件事（Activating event）產生了負面情緒或行動（Consequence）時，對於在背後賦予事件負面意義的價值觀與思考方式

（Belief），進行邏輯性的反駁（Dispute），藉此改變事件的意義，讓人產生更好的情緒或行動。這個理論的重點在於，不要注意已發生的事，而是關注賦予事情意義的自有價值觀與思考方式。

舉例來說，假設我被上司責罵後，我認爲這件事的意義是「上司討厭我了」、「上司認爲我很無能」、「今後升遷沒指望了」，並產生了負面情緒，這時就要使用ABCDE理論，對於賦予意義的自有價值觀與思考方式進行邏輯性的反駁，像是「全世界的人對這件事都會有一樣的想法嗎？」、「能否用其他觀點看待這件事？」、「有明確的根據或事實可證實這個想法嗎？」、「如何證明自己不是在鑽牛角尖？」，察覺該價值觀、思考方式不具邏輯性，藉此消除先前產生的負面情緒。

事件本身並沒有絕對的意義，當價值觀、思考方式或觀點改變後，事件的意義就會改變；而當自己察覺到意義改變，情緒也會隨之變化後，自己面對事件的方式與行動，就會開始改變。

我為經營者提供諮詢服務時，得知有些經營者在同一時間內遇到了各式各樣的問題，其數量之多，連我都感到驚訝。那些經營者因而產生壓力，顯得無精打采。他們大多對現狀給予負面的意義，覺得「為什麼我非得碰到這些爛事」。這種狀態會使解決問題的心態變得消極，導致難以突破困境。所以，這時必須改變自己對於現狀的定義，重拾積極解決問題的幹勁。

「不過，您不覺得這麼嚴重的事同時發生，很不可思議嗎？我想，這其中有什麼意義吧？您覺得是什麼呢？」

每當我這麼問經營者後，他們就會開始以宏觀的視野看待眼前發生的事實，從中尋找積極的意義。

一旦把惡膿全部擠出來，或許事業就會更上一層樓；這是為了讓身為經營者的自己蛻變的試煉；或許這是一種訊息，提醒自己要改掉過去對工作與經營的天真想法。

找出這種正向積極的意義，在改變對現狀的定義後，就會湧現面對問題的力量，進而慢慢地改變，積極地解決問題。

有位經理是社長的左右手，在公司裡表現得很活躍。社長總是向我誇讚這位經理，我也很喜歡聽社長炫耀他的屬下。

有一次，這家公司舉辦聯誼會，讓我有機會跟這位經理聊天。

我對他說：「社長總是在稱讚你喔！」

他的眼睛睜得又圓又大，訝異地說：「咦？社長老是在罵我或對我說教。他從來沒有在工作方面稱讚過我，所以我很沒自信。你是不是誤會了什麼？」

社長似乎沒有稱讚過經理本人。他不稱讚經理的優點，只針對對方的缺點來責備及訓誡。結果，讓這位經理對自己過往的工作表現賦予負面意義，體會到負面情緒，並陷入喪失自信的狀態。

於是，爲了讓他改變對自己工作表現所下的定義，我就說：「不過，社長不是把很多工作都交給你嗎？」

「對啊，社長把各式各樣的工作都交給我。」

「如果工作表現差強人意，社長應該就不會把那麼多工作都交給你吧？我認為社長是因為你的表現很好，才會把那麼多工作都交給你。雖然他沒有稱讚你，卻用交付工作的方式讚賞你。我會這麼想，是因為社長多次向我誇讚你的工作表現。」

聽完我的話，那位經理又反覆問了好幾次：「真的嗎？」又說：「呼，我有一種被拯救的感覺！我還以為社長不滿意我一直以來的表現。現在我已經有幹勁了，謝謝你！」

他的反應很大，讓我感到有些驚訝。這代表他應該相當高興，也表示他之前失去了許多自信吧。

我基於客觀事實，改變了他賦予過往工作表現的意義，藉此打動他的情緒，他的工作幹勁也大有變化。

當他人因某種原因而無法產生幹勁或自信時，可以藉由改變意義，輕鬆地將對方的動機導向我們想要激發的方向。

找出難以激發對方動機的主因，並改變這個主因的意義，對於引導他人的行動也是很重要的。

領導人心法則

❸❸ 找出無法激發對方行動的原因並改變它的意義，就能帶動對方。

5-4 帶來同理心的故事力

❶ 為什麼聽故事會讓情緒產生波動

如前所述，大腦中有一種稱爲「鏡像神經元」的神經細胞。鏡像神經元的作用，會讓人在聽他人說話時產生共鳴、將自己投射到故事中的人物，或產生同理心。

人在講述某個經驗時，會把經驗當成一個故事。聽者可以藉由聽故事，把對方的經驗當成自己的經驗。各位應該都曾經因爲看電視節目、電影或聽他人說話，而產生感動、緊張、憤怒、悲傷等各式各樣的情緒吧？

說話者描述視覺、聽覺、嗅覺、味覺、觸覺五感後，聽者就能在想像中模擬體驗這些感覺。

例如，講述在關島的海水浴場遊玩的經驗，描述閃閃發光的碧綠大海，「沙沙沙」的浪花聲，海洋獨特的氣味，在那裡吃一碗草莓剉冰，腳底沾附細沙的觸感，以及陽光照射的溫暖感覺。描述這種會刺激五感的內容，可以活化聽者腦中掌管五感的部位。然後，聽者會如置身其中般地受到吸引，產生移情作用。

運動轉播節目時常播放選手的紀錄片，拳擊比賽則會在比賽前介紹選手參賽前的故事。例如：

X選手是個認眞誠懇的男人，雖然笨拙，但孜孜不倦地練拳。不論輸了幾次，還是會拚命爬起來。他一心一意只爲拳擊而活，白天專心練拳，清晨送報紙，晚上當清潔員，以此勉強餬口。每天的睡眠時間只有三、四個小時。父母非常擔心他。

但是，只要贏得今天這場比賽，一流拳擊選手的未來之門就此敞開。如果贏了，就好好孝敬一直以來爲他操心不已的父母。然後，向一直支持他的女友求婚。

他已經三十一歲了。體能及生計方面差不多到了極限。這場比賽要是輸了，就放棄拳擊，走向人生的其他選擇。他的父母和女友都到場加油了。

絕對不能輸。

另一方面，對手Y選手具有拳擊天分，打從一出道就連戰連勝，沒嚐過輸的滋味，一口氣登上王者寶座。過去，他的極端發言還成爲電視節目的熱門話題，之後，他就從那輝煌時代急轉而下。他在練習時嚴重受傷，無法好好走路，選手生涯一度中斷。與妻子育有一個五歲孩子的他，徘徊於絕望的深淵，開始自暴自棄，終日與酒爲伍。直到有一天，他收到了孩子寫給他的一封信。

「爸爸，請再拿到一次冠軍腰帶。」

孩子在那封信上用蠟筆畫了自己繫著冠軍腰帶的畫。他淚流不止，發誓要從零開始，重新出發。

想要讓孩子再一次看到自己繫上冠軍腰帶的模樣。他一心努力克服舊傷，熬過了地獄般的復健。不顧他人眼光，一心一意地努力，好不容易才能參加今天這場比賽。他的妻子與孩子都爲了看他繫上冠軍腰帶的模樣而來到現場。

絕對不能輸。

接著，比賽開始的鐘聲響起。

聽了這種故事以後再看比賽，應該就能對選手產生強烈的同理心。若是沒聽故事，只是單純看比賽的話，會怎麼樣？我想，觀眾對選手產生的同理心多寡、投入程度、看比賽的專注度，都會完全不同吧。

故事擁有能夠打動人類情緒的效果。因此，在賦予他人動機或強化該動機時，故事能發揮強大的力量。

領導人心法則

❸❹ 運用故事來打動人心，就能強化對方的行為動機。

❷將故事力運用在建議與說服

我時常以企管顧問的身分傾聽經營者說話，並提供建議。

有時候，我也不得不說出逆耳忠言。不過，若是採取直接的說法，縱使一針見血，對方也很難聽進去。

因此，我們要避免採取直接的說法，而是活用故事，間接地傳達訊息。另外，故事打動人心的力量也能成為有效的說服工具。

在電影中，經常看到劇中人物在建議或說服他人時，活用故事力量的場景。

比方說，某位登場人物想要說服某人時，會用這種方式開始說故事：

「嘿，羅伯特。你有沒有聽過這樣的故事……」然後，這個故事觸動聽者的心，接著對方就會被說服，像這樣的戲劇性發展十分常見。

曾經有一位七十多歲的資深社長向我諮詢，表示他所培養的接班人都沒有成長。

「不管過了多久，屬下都沒有進步，所以我不得不親力親爲。但我年紀大了，體力也變差了，屬下的狀況依舊如此，再這樣下去，我就沒辦法從第一線退下來。」

我詢問過這位社長，得知他對屬下的態度很強硬，總是責備且不懂得讚美，常對屬下說「總之照我說的去做」，甚至連工作細節都要插手。

「我的員工都很被動，我要是不開口，他們就什麼都不做。我能把工作現場託付給這樣的人嗎？」

恐怕是社長老是責備屬下，讓屬下對自己的工作表現失去信心。另外，屬下害怕擅自行動會惹社長生氣，所以不想主動進行吧。結果，屬下的工作態度就變得戰戰兢兢，而且只是把社長交代的事情做完。

或許，被動的屬下正是社長自己一手訓練出來的。不過，年紀遠小於社長的我，要是直接把這種想法告訴社長，說不定會觸怒他。這時，一定得活用故事的力量。於是，我說了松下幸之助先生的故事。

「社長，您喜歡松下幸之助先生嗎？」

「喜歡，我買過幾本他的書。」

「據說幸之助先生之所以能把公司發展得那麼大，是因為他擅長培育人才。」

「對啊。他很擅長培育人才。」

「您知不知道幸之助先生說過，『我擅長培育人才，是因爲我認爲屬下很了不起』？」

「不知道，有這一回事？」

「幸之助先生沒什麼學歷，所以他認爲有學歷背景的屬下很了不起。正因爲他覺得屬下了不起，所以會認眞聽屬下說話，尋求屬下的意見。再來是他的說話方式，無論對方提出什麼樣的意見，他都會先給予認同，表示『原來如此，你說的有道理』，接著再讓對方把需要修正的地方改正。

如果屬下的意見有值得採納的部分，就算只有一點點，他也不會錯過，而且一定會大方誇獎。獲得讚美的屬下就會湧現幹勁，並繼續思考新的想法。屬下把意見告訴他之後，他先表示贊同，再彌補不足的部分後，就放手讓屬下去嘗試。

一旦把工作交給屬下，他就完全信任對方。就算看到缺失或錯誤，也信任屬下，讓屬下嘗試到最後一刻。屬下因爲取得上司的信任，便會想盡辦法努力回應上司的期待。幸之助先生的作法讓屬下在不知不覺中成長，公司的規模也逐漸擴大了。」

我只是說了這樣的故事，並沒有否定這位老社長的作法。結果，社長雙手抱胸，似乎正在沉思，並低聲嘟囔：「我做了跟幸之助先生完全相反的事。」

後來，那位社長改變了以往愛說教的習慣，把工作託付給屬下並信任對方，還會留意屬下的優點並適時稱讚。

我用說故事的方式，將這些建議間接地傳達給社長。故事擁有打動情感的力量，而故事的影響力也讓那位社長接受了我想傳達的訊息。

從能力信任的觀點來看，這也是一個重要的案例。

當你想要說服一個人時，先思考一下對方能接受什麼樣的人所說的話，如果自覺不像是「那樣的人」，在傳達意見時，就不該說那是自己的意見，若表示那是對方認同的人所說的，對方比較容易接受。

在這個案例中，即使建議的內容是一樣的，但與其說是我的意見，不如說是松下幸之助先生曾經採用的作法，社長比較容易接受。因爲我比老社長年輕，而松下幸之助先生的成就與能力卻備受這位社長認同。

就算說的內容一樣，話語的力量還是會因爲「說者」而不同。那麼，爲了讓話語產生最大的力量，是不是應該把「是誰說的」傳達給他人呢？關於這一點，最重要的是，對話時要隨機應變。

領導人心法則

35 用故事間接傳達訊息，就能打動對方的心。

❸ 將故事力活用在業務與行銷

故事的力量也會大大影響人類感受到的價值。

比方說，假設現在有一只舊茶杯。

如果有人問：「你願意花多少錢買這個杯子？」或許你會回答：「頂多一百日圓吧。」那麼，要是對方再加上這句話，你會怎麼想？

「其實，這是織田信長用過的、他最喜愛的茶杯。」

這個杯子同時附有正式的鑑定書，如果這是事實，你覺得這個杯子值多少錢？一百萬日圓、三百萬日圓、五百萬日圓……想必會出現各種高價吧。

它是一個舊杯子的事實並沒有改變，只不過加上「織田信長用過的、他最喜愛的茶杯」這句話，價值就提升至一萬倍、三萬倍，甚至五萬倍都有可能。

爲什麼價格會有如此大的差異？

因爲，人們會想像這樣的故事——「在數百年前，織田信長頻繁地碰觸這個茶杯，喝茶時嘴巴觸碰到茶杯。」並感受到這個故事的價值。

商品也一樣，顧客感受到的商品價值，會依「有沒有故事」而不同。

一位建設公司的業務員曾經告訴我這樣的故事：

他所負責的某位客戶，其太太曾告訴他：「我在念小學的兒子有氣喘，身體不太好，所以想進棒球社也進不了，他總是在操場角落看別人練習。看到孩子那樣子，眞的令人很心疼。」

那家建設公司的住宅特色是具備出色的空氣清淨機能，該客戶爲了兒子，就向這位業務員購屋。兩年後，業務員剛好有機會與客戶的太太碰面，當時，那位太太對業務員說：

「搬進貴公司替我們打造的房子以後，我兒子的氣喘就治好了。他現在進了棒球社，時常在操場上練球。那孩子從前都在操場的角落看著別人練習，現在卻可以跟大家一起打球，看到他那樣子，我高興得快哭了。真的很感謝你們。」

聽到對方這麼說，業務員不由得感動，心想：「自己能從事這份工作真是太好了。」

在聽到這個小故事之前與之後，你所感受到的住宅價值，是否有什麼改變呢？

某家不動產公司把一棟屋齡約三十年、外觀普通、地點毫無特色的出租公寓，幾乎全都租出去了。而且該公司並沒有刻意壓低房租。

那麼，這家公司是如何讓那棟公寓順利出租的呢？答案是該公司讓業務員告訴客戶一個關於公寓管理員阿姨的故事。

之前，有一名在這棟公寓獨居的女大學生發生食物中毒，當時很痛苦，她只好打電話向管理員阿姨求救。阿姨一接到電話，立刻衝進她的房間，帶著她搭計程車趕去醫院。女大學生在醫院接受治療時，阿姨也陪在身邊，治療結束後，阿姨就帶她回到住處，照顧她吃藥。接著，阿姨再通知女大學生的父母。

過了幾天，女大學生康復後，就跟父母一起向管理員阿姨道謝。

當女大學生畢業後即將搬離公寓時，雙方都很捨不得。

這家不動產公司的業務員說完這個故事後，會這樣告訴客戶：「要是房客發生什麼事，我們公寓的管理員會代替房客的父母趕到房客身邊。我們的工作不只是把房間租給房客，讓房客的父母安心也是我們的服務項目。」

這家公司鎖定這些即將獨居的大學生之父母，在介紹公寓時說了這個故事，然後房間就順利租出去了。

過去，你跟形形色色的客戶來往時，有沒有發生過什麼事讓客戶很感動或打從心底感到高興，讓你看了客戶的反應後，不禁想著「自己做的這份工作眞有價値」？

我會在企業進修課程與講座中，請聽衆回顧這樣的經驗，並請他們將之整理成可以在五分鐘內說完的故事，藉由講述這樣的故事，能夠提高客戶感受到的商品價值。

故事擁有打動人心的力量。

想要引導他人的行動時，先朝這個方向賦予對方動機並強化，就能靈活運用故事的力量。

領導人心法則

36 人們會珍惜有故事的事物。

5-5 影響「現在」情緒的未來力量

❶ 相信未來的力量，決定人的生死

第二次世界大戰期間，奧地利精神醫學家維克多．法蘭克（Viktor Emil Frankl）因爲猶太人的身分而被納粹送至集中營，過著悲慘的生活。他被迫進行筆墨難以形容的嚴酷勞動，而那些無法工作的猶太人則會被關進毒氣室。

每天都會有人病死、餓死、自殺、被看守員打死等等，他自己早已經麻木，就算看到那些光景也沒有任何情緒，肉體就像一具披了人皮的骨架，跟屍體沒什麼兩樣。

戰後，他僥倖生還，並從精神醫學家的角度將當時的慘狀與對囚禁者的心理研究，記錄在著作《活出意義》（*Man's Search for Meaning*）之中。

他在著作裡這樣寫道：熬過集中營生活的人與熬不過的人，兩者的差別在於「相信未來的力量」。

爲了熬過集中營的嚴苛環境，人必須相信未來，無法相信未來的人會失去精神寄託，導致身心崩潰。而在相信未來的這群人當中，有一小部分人熬過了淒慘的集中營生活，僥倖生還。那些人都有「展望未來」的精神寄託。

基於這種經驗，維克多·法蘭克在著作中反覆說明：相信未來及對未來抱有樂觀想像，對於人類的生存有多麼重要。

人對於未來的想像會大大影響現在的情緒、行動及生存的能量。如果覺得明天會過得很快樂，今天就會變得開心；如果覺得明天會很痛苦，今天就會很難過。

對於未來若感到絕望，可能會導致精神崩潰，甚至有人選擇自殺。只要找到未來的希望，人就能夠熬過嚴酷的狀況，取得龐大的能量。

對於未來的想像，會讓「現在」的情緒與生存方式完全不同。那個未來或許是十分鐘後，也有可能是幾年以後。

領導人心法則

37 對「未來」的想像，會影響「現在」的情緒與生存方式。

❷ 為什麼領導者必須提出願景或目標？

對未來的想像會大大影響現在的情緒。

因此，若要影響現有的情緒、賦予動機，就要採取「改變未來想像」的方式。如果想要引導對方的行動，就要改變對方對未來的想像。明確來說，就是消除負面的想像，提出令人雀躍的未來。

用「雀躍」的說法來表達或許有點幼稚，不過這就是人們對於未來感到喜悅時的內心狀態，同時也是能量的來源。藉由雀躍的感覺而產生能量，並且為了實現那樣的想像而努力活在當下。縱使現況是一樣的，有沒有這種想像，會使當下存活的能量大不相同。因此，若要賦予對方動機，這股能量也能發揮很大的效果。

人們會主動聚集在令自己雀躍的人身邊，或是想加入令自己雀躍的組織。「讓人感到雀躍」是領導者必須做到的重要職責。

另外，在心理學中有一個名詞是「相似性法則」，意指人們對於擁有許多共同點、相似點的對象，容易產生親切感或好感。即使是第一次見面的對象，如果雙方的出生地或年齡相同，或有共同認識的人，彼此之間的距離一下子就會縮短，並覺得親近。因此，人會找出自己與對方的共通點或相似點，然後互相確認。

這個法則也適用於擁有共同願景或目標的狀況。

當一群人擁有同樣的目標，在達成目標的過程中同甘共苦，彼此就會萌生同伴意識。例如在運動競賽中，與隊友共同擁有的目標是獲勝，彼此的感情就會迅速加深；或是跟他人一起舉辦發表會或活動等，彼此之間的距離也會縮短。

若是團隊或組織，全體成員共同擁有令人雀躍的願景或目標，並努力實現、同甘共苦，就會有向心力。接著，當這個願景或目標實現以後，向心力就會更強。一旦實現了願景與目標，人們就會進入多巴胺的強化學習循環，提出更高的願景或目標，並產生實現的動機。如此一來，這個團隊或組織就會自行成長。

因此，提出願景或目標能引發成員雀躍的情緒，進而強化達成願景或目標的動機，同時藉由共同擁有願景或目標，讓相似性法則產生作用，縮短成員之間的距離，讓團隊或組織團結起來。

領導者是爲了什麼而經營組織？獲得業績與利益後，要往何處前進？對於團隊成員而言，等待他們的未來是否令他們感到雀躍？

許多領導者從未思考過這些問題，只是被每天的業務追著跑，任由時光流逝。

「其實像我這樣是不行的。我應該要好好思考願景與目標，卻很難擠出時間。」

在接受形形色色的領導者諮詢時，我時常聽見這樣的心聲。確實，在每天業務都很繁忙的狀況下，或許很難擠出時間。但是，若要凝聚組織的向心力、促進組織成長，縱使各位要把自己的部分工作委託給他人，也要確保自己有時間討論願景，讓組織擁有一個共同的目標。

即使在業務繁忙時，仍然找得到光明的未來，就能湧現更多幹勁與能量。如果不這麼做，只是被每天的業務追著跑，人就容易倦怠。因此，有沒有這樣的願景或目標，將會大大影響團隊或組織的能量。

偉大的領導者多半都有令人雀躍的願景或目標。許多人深受吸引而聚集到這些領導者底下工作，爲求實現這些願景與目標而產生巨大的能量，進而達成豐功偉業。

現在，身爲一名領導者的你，是否提得出具有光明未來的想像？還有，各位有沒有辦法讓員工產生雀躍的心情？

倘若尚未做到，就表示現在的團隊或組織潛藏著改變的可能性；而身爲領導者的自己，還有發揮更大力量的可能性。

領導人心法則

㊳ 人們會靠近能提出美好願景的人。

❸ 屬下會把未來的自己投射在上司身上

在上司與屬下的關係中，上司讓屬下想像光明的未來，是賦予其工作動機的重要方法。但是，有時候口頭表達得再好，屬下還是無法想像。這是因為上司本身的工作方式與行事作風，無法讓屬下感受到魅力。

屬下會觀察上司。

屬下會從上司工作的樣子與態度，觀察上司有沒有從目前的工作中感受到價值、是否在這家公司找到光明的未來、人生幸不幸福等等。

如果上司自覺做這份工作沒有價值，或無法找到光明的未來，又或過著算不上幸福的人生，屬下就難以找到對這份工作的未來希望。

屬下會將幾年後的自己投射在上司身上。

或許幾年以後，自己就會在公司裡那般度日，下意識抱持著這種想像。

我有個朋友從證券公司離職，放棄年收入將近兩千萬日圓的工作。他的體力不錯，屬於運動型，工作既懂得要領，名聲也不差，不是那種愛抱怨的員工。

我問他離職的原因，他這麼回答：「當時，工作確實很忙，不過我可以承受那樣的工作量，對於工作也感受到某種程度的價值。可是，幾乎所有上司都會抱怨公司或社長，我在居酒屋裡聽過他們太多的不滿，心想，要是繼續待在這家公司，或許有一天我也會變成那樣，所以就辭職了。」

另一方面，一位在金融企業工作的業務員，被迫承接繁重的工作量，然而他卻顯得朝氣蓬勃。原因有好幾個，不過最主要的因素是他很崇拜自己的上司。放眼全國同業，這位上司也是屈指可數的優秀業務員，頗得屬下好評。他說，這位上司率直不做作的行事風格，讓他感受到很大的魅力。他把將來的自己投射在那位上司身上，這個想像形成了他的動力。

以上，無論哪個例子，都是把未來的自己投射在上司身上，他們覺得要是在這裡繼續工作下去，遲早會變成那種人，結果導致了工作幹勁的提升或降低。各位身邊應該也有這種例子吧。

先前提到情緒會感染，雀躍的心情及其產生的能量也會影響周遭的人。如果你站在領導者的立場，你的心情好不好、有沒有許多能量，都會大大影響屬下及組織整體。

現在，你是否感到雀躍？

明天、一週後、一個月後、一年後、十年後，是否還有令你感到雀躍的事情？

這份提案書一定會讓客戶感到高興吧；週末要跟意氣相投的朋友去喝酒；高爾夫球快要打進一百桿內了……從這種日常的雀躍心情，到開發前所未有的劃時代商品、讓某事業達到一百億日圓這類大規模的興奮心情等，自己必須練習找到各種這類的心情，並增加品質與次數，就能慢慢提高能量，並且傳達給其他人與組織。

若要讓屬下看見光明的未來，上司本身就得具備說服力，並且充滿活力地努力工作，度過令人雀躍的每一天。

領導人心法則

39 我的上司就是我未來的模樣。

4 顧客購買的是對於未來的想像

未來的力量對銷售與行銷也有很大的影響。

顧客的購買行爲有時是直覺性或衝動性，當然也有謹慎思考後再下手。前者的關鍵是「當下」的感受；後者的關鍵則是對於未來的想像。

人們在考慮是否要購買某商品時，大多都會想像購入該商品之後的未來。如果該商品在未來能帶來快感或迴避不快的話，人們就會對它感興趣，並感受到其價值。

舉例來說，如果考慮購買一棟房子，人們應該會想像自己或一家人住在那裡的情況。如果能夠從中體會到快感，就會覺得這棟房子具有價值，並開始對它感興趣。

另外，倘若考慮買保險，人們就會想像自己在未來因疾病或意外住院時，付不出高額醫療費而一籌莫展的情況。如果這個想像讓自己感到強烈不快，就會覺得迴避不快的醫療保險具有價值，進而開始產生興趣。

換言之，若要讓顧客購買商品，重要的是讓顧客想像「獲得快感」或「迴避不快」的未來。

無論業務員有多熱情地介紹商品，只要顧客對於該商品不具「獲得快感」或「迴避不快」的未來想像，就很難感受到商品本身的價值。最後，顧客購買的意願也會降低。

因此，為了讓顧客具體想像未來的情境，業務員本身也必須在商品說明上多下工夫。

過去，有一家提供美容相關服務的公司，因營業額停滯不前而來找我諮詢。為了掌握現況，我請對方進行角色扮演，好讓我知道他們對顧客提供什麼樣的服務說明。

一開始，員工先遞名片，在雙方閒聊後，翻開商品小冊子進行說明。他們會針對服務內容及專業技術方面，解說自家公司的優點及相關費用。這些說明條理分明、易於理解，員工講解得很流暢。

然而，我覺得這樣的說明不太能夠引起顧客的興趣。原因是無法讓人具體想像在接受服務時獲得愉快感受的情境。於是，為了讓顧客能夠明確想像，我請他們用以下的順序進行產品說明。

一、詢問顧客利用這項服務想得到什麼樣的未來，並請顧客說明自己的想像。

二、為了實現第一項的想像，需分析並確認應該進行什麼樣的具體計畫。

三、針對公司的服務為什麼能有效實現第一項的想像，進行專業技術的說明。

四、說明公司與其他同業的服務相比有何優點，以及費用如何計算等等。

一開始先詢問顧客對於未來的想像，得知顧客心中的愉快想像後，再說明實現這個計畫的流程，以及公司提供的服務將會發揮什麼樣的具體效果。

如此一來，顧客對於這些服務感興趣的機率也會提高；與顧客共享對於未來的想像，容易讓顧客覺得親切。我請這家公司採用這種說明方式後，消費者的購買率果然開始提升了。

這也是活用未來力量的例子。

如果賣的是生活用品，就要告訴消費者，公司的商品能讓日常生活變得多麼舒適，或者讓消費者擺脫之前造成困擾的不愉快、不滿，講述其未來的故事之後，再詳細說明商品的功能。

倘若販售的是服務，就要告訴消費者，利用該服務能獲得什麼樣的愉快感受、擺脫什麼樣的不快，以及在實現之後，未來又會有什麼樣的具體變化。也就是要先講述未來的故事，再詳細說明服務內容。

推銷與行銷一樣，只要活用未來的力量，就能讓顧客感受到不一樣的商品價值。

領導人心法則

40 我要先想像消費後的未來景象，才會掏錢購買。

本章針對「說什麼」部分，講述了打動人心的情緒對話。

如同開頭所述，情緒對話的前提是彼此之間必須有信任基礎。另外，人的情緒會受到他人情緒的影響。縱使口頭上說得再好聽，只要內心缺乏誠意，情緒很容易在不知不覺中感染對方。

所以，我想在本章最後傳達的，也就是情緒對話最重要的前提是：帶著誠意對話。

Chapter 6

邏輯對話：理由的巨大力量

6-1 你是否有充分發揮理由的力量？

❶ 大腦也熱愛「理由」

爲了引導他人的行動，除了性格信任、能力信任、情緒對話之外，還有一個重要因素是：讓理性腦認同的對話。

本章將講述如何讓理性腦說「好」的邏輯對話。

說起來，邏輯是什麼？

答案應該五花八門，不過直截了當地說，就是事情的道理；所謂的「邏輯性」，意指用合理的方式說明或思考事情。

具邏輯性又合理的思考模式，就像是「因爲A所以B，若是B就會變C」，明確地釐清理由後才掌握結論的模式。人類習慣將發生的事情置入此

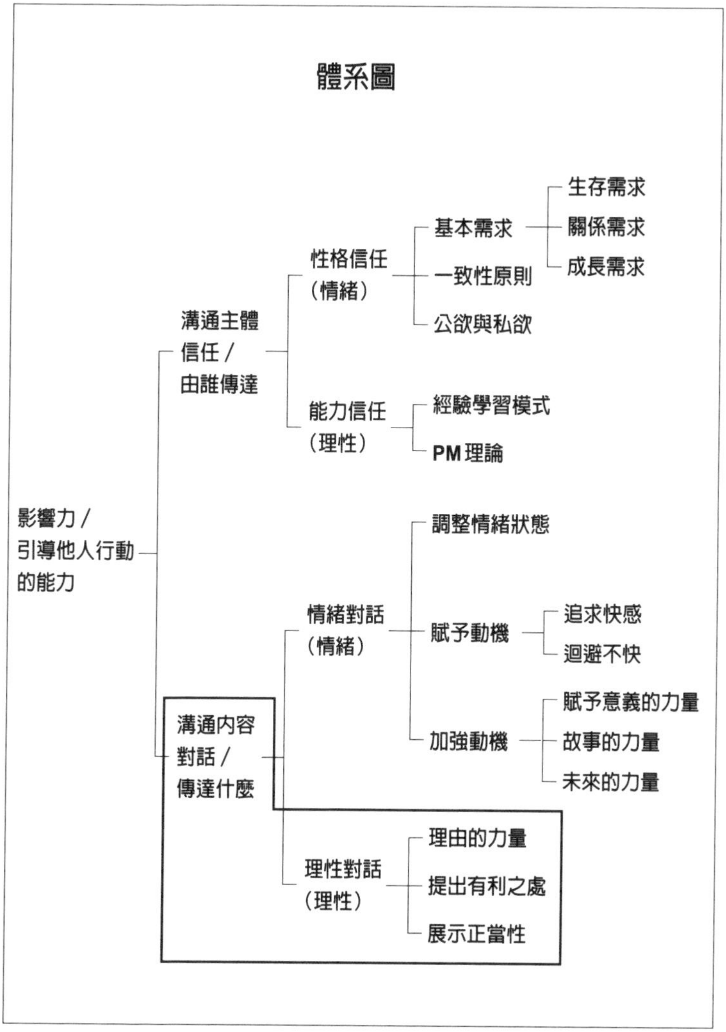
體系圖
影響力／引導他人行動的能力
溝通主體信任／由誰傳達
性格信任（情緒）
基本需求
生存需求
關係需求
成長需求
一致性原則
公欲與私欲
能力信任（理性）
經驗學習模式
PM理論
溝通內容對話／傳達什麼
情緒對話（情緒）
調整情緒狀態
賦予動機
追求快感
迴避不快
加強動機
賦予意義的力量
故事的力量
未來的力量
理性對話（理性）
理由的力量
提出有利之處
展示正當性

邏輯模式來思考。

我在前一章提過，人的大腦有一些喜好，其中之一是「情緒」。接下來，我想介紹另一個喜好，「理由」。

一旦無法預測的事情發生後，一般人就會反射性地想「爲什麼」，或是口中喃喃自語「爲什麼」。接著，雖然知道了也無法改變已經發生的事實，還是會想要找到事發原因。不過，依據理由的不同，人賦予事情的意義會大相迥異，而情緒也會隨著賦予的意義而產生。

比方說，你跟屬下約好在下午一點碰面，但是當你準時抵達約定地點時，屬下卻遲到了。等到一點十分，屬下還是沒來，所以你用手機聯絡對方，但是電話未接通。在那之後，又打了好幾次電話，還是聯絡不上，直到一點三十分，屬下才現身。在這段時間，屬下都沒有主動聯繫。

煩躁的你心想：「讓我等了三十分鐘，爲什麼連一通電話都不打？」這時候，你會不會想問：「發生什麼事了？爲什麼遲到？」

「地鐵停駛，我被關在車廂裡三十分鐘。因爲在地底下，手機沒有訊號，所以沒辦法聯絡您。」要是屬下說明這樣的理由，你是否能理解對方，並覺得「那就沒辦法了」，連煩躁的情緒也平靜下來？

那麼，如果遲到的理由是「睡過頭了」，你又會怎麼想？恐怕煩躁感會加劇，並想更進一步地質問對方：「那你爲什麼不先打電話聯絡一下？」

不論理由是什麼，遲到三十分鐘的事實都不會改變。

但是，「理由」會大大改變「遲到」這件事的意義，伴隨著意義而生的情緒也就大有不同。以這個例子來說，前者是怒氣平息，後者則是怒氣膨脹。這種案例在日常生活中比比皆是。

然後，爲了避免惹他人生氣，人會思考可當作理由的「藉口」。

人們會爲事情找出「爲什麼會發生這種事」的理由，並把理由與發生的事情湊在一起，以掌握局勢。

比方說，倘若妻子突然收到丈夫送的昂貴禮物，應該會覺得「咦？爲什麼？」並想問出原因。一般人應該不會只說聲「謝謝」，然後就收下吧。

工作能力不如自己的同事，要是比自己還要早升遷，自己就會想：「為什麼是這傢伙升遷啊？」並想知道對方升遷的理由；當自己最喜歡的運動選手突然宣布退休，免不了這麼想：「咦？他為什麼要退休？」想知道退休的理由；持有的股票股價若是急遽上升，自己會這麼想：「發生什麼事了？」想知道股價急升的理由。

把理由與發生的事湊在一起以掌握狀況，再賦予這件事某個意義，並抱有隨之產生的情緒。因此，理由的力量對人有強烈的影響。

心理學家艾倫．蘭格（**Ellen J.Langer**）曾經做過跟「理由」有關的實驗。實驗者加入等候使用影印機的隊伍，分別用以下三種說法拜託前面的人讓自己插隊。

A只傳達要求：「不好意思，可以先讓我影印嗎？」

B說出正式的理由：「不好意思，因為我正在趕時間，可以先讓我影印嗎？」

C說出無意義的理由：「不好意思，因爲我非印不可，可以先讓我影印嗎？」

當影印張數是五張時，A的同意率是六十%，B是九十四%，C則是九十三%；當影印張數是二十張時，A的同意率是二十四%，B是四十二%，C則是二十四%。

因此，當請求的內容是小事時，就算是毫無意義的理由也無所謂，只要說得出口，同意率就會大幅上升；隨著請求內容的改變，就必須有正當的理由才能獲得同意。

像C的情況，請求的內容是小事，縱使理由毫無意義，只要講得出口，同意率就會上升，展現出人腦會對理由產生反應，並且擁有「伴隨理由而得知的資訊很重要」的人心特質。

發揮理由影響力的說話方式，就是「說服式推理」與「舉例證明」。

所謂的說服式推理，是指「因為有A理由，以此導出B」的邏輯推展方式，像是「那個地區是顧客最多的地區，所以負責該地區的業務員，其業績應該是第一名」。

進行說服式推理時，必須讓聽者認同這個理由。若是硬拿出聽者不認同的理由，也會因為理由不具效力而無法讓說服式推理成立。

舉例證明是為了替說服式推理補充說明而出示的具體例子。以剛才提到的例子來說，可以舉出這種例子：「那一區是顧客最多的地區，所以負責該地區的業務員，其業績應該是第一名。事實上，前年和去年獲得業績第一名的人，都是那個地區的負責人。」

用說服式推理與舉例證明進行對話，便能發展出有條理的對話內容，就能大幅提升對方同意的機率。

領導人心法則

41 每個人都想知道導致某事發生的原因。
42 善用推理或舉例，你的話語才能被認同。

❷ 用理由的力量提升幹勁

理由對於幹勁的影響也很大。

以工作來說，對於「爲什麼選擇做這份工作」、「爲什麼選擇這種職涯發展」、「爲什麼非得累積這個經驗或技術」等問題有無明確的理由，會大大改變工作幹勁。

沒有特別明確的理由，總之先做再說的人，與持有明確理由而工作的人，在幾年後的成長與經歷，都會產生相當大的落差。

此外，熬過艱辛困苦時期的方式，也會有很大的不同。

我在進行企業進修課程與演講時，有時候會讓聽眾思考「爲什麼要工作」的理由。不少聽眾因爲思考出明確的理由而使工作幹勁提升。

我曾經在某公司的業務員進修活動中，請聽眾回答以下問題：「爲什麼你非得做業務員的工作不可？」

那時，有位聽眾的發言如下：「我思考做業務的理由時，腦中浮現的是『爲了兒子』。我正在念小學的兒子被同學霸凌，所以他不想去學校。但是我告訴他不能逃避，想辦法說服了他，讓他願意去上學。

雖然我說了那樣的話，但其實我也有業績拉不上去、想逃避工作的時候。我一面告訴兒子不能逃避，一面心想自己的狀況並感到內疚。因此，我想要在工作上拿出成績、擁有自信並表現得更好，讓自己堂堂正正地告訴兒子『不能逃避』。所以，我想努力做好業務工作。」

那位發言的聽眾明確持有努力做好業務員工作的理由：「因爲想要堂堂正正地告訴兒子『不能逃避』，所以不得不努力。」並因爲這個理由而對業務工作產生強烈的幹勁。

在接受經營者的諮詢時，有時會讓我感受到理由的力量眞的很強大。

許多經營者抱有各種大大小小的煩惱，所做的工作範圍也很廣泛，時常被時間追著跑，日子過得非常辛苦。也有經營者因爲這種狀況而導致精神吃不消。

我曾向那種經營者問過這樣的問題：

「說起來，你獨立開業的理由是什麼？」

「在變得那麼痛苦之前，你經營公司的理由是什麼？」

大多數人聽了都會驚訝地「咦」了一聲，接著就陷入沉思。

然後他們會顯露出自己忘記了重要事情的態度，並告訴我各種想法。聽了那些想法後，連我都感到激動雀躍。談論片刻後，對方萎靡的精神狀態就有了改變，其內心的齒輪已經開始轉動。

爲自己正在做的事情找出明確的理由，就能大幅提升做事的幹勁。然後在自己感到灰心沮喪時，該理由也能成爲心靈的支柱。

「當一個人知道自己爲什麼而活，就可以忍受任何一種生活。」

這是德國哲學家弗里德里希．尼采（Friedrich Nietzsche）說過的話。這句話的啓示是：理由能帶給人類相當大的力量。

理由擁有巨大的力量。你有沒有活用「理由」的力量呢？

你現在做那個工作的理由是什麼？

你現有目標的背後有什麼理由？

你現在想要得到某個東西的理由是什麼？

在自己想要挑戰什麼事情時，若是擁有明確理由，像是爲什麼要完成這個挑戰、爲什麼自己非得忍受這種辛勞，就能發揮「理由」的力量，幹勁和達成機率也會大幅提升。

領導人心法則

43 當我知道要做某事的理由，才有幹勁去實行。

❸ 理由的力量能改變上司與屬下的關係

理由的力量也潛藏著改善上司與屬下關係的可能性。

領導者必須以組織或團隊的利益為基準，對屬下下指令並指導之。另一方面，屬下對自己的職涯抱有期望，並有著想要受到肯定、獲得認同的心情。如果要讓屬下擁有大量的幹勁，並對組織或團隊有所貢獻的話，上司就必須要以對話來滿足屬下的期望與心情。

理由的力量也能在這種對話的思考上發揮效果。

以委託工作的方式為例，若比較以下兩種說法，結果會是如何？

A：你願意負責這個案子嗎？

B：我希望你累積這方面的經驗，所以想要讓你負責這個案子，你願意接下嗎？

相較於A說法，B說法應該更能讓屬下感覺到「上司有爲自己的職涯著想」、「自己受到期待」。

因此，在委託工作時，說明「爲什麼這份工作要委託給你，而非別人」的理由，能大大改變屬下的幹勁。反覆進行幾次這種對話，就能加深自己與屬下之間的信任關係，同時屬下坦率及聽話的程度應該也會提升。

能提升屬下的幹勁、認同感、對上司的信任感的理由說明，還有以下這幾種：「我爲什麼把這個職位安排給你」、「爲什麼希望你學習這種能力或經驗」、「爲什麼錄用你」、「爲什麼要你達成這個目標」、「爲什麼採用這種方針」。

屬下原本可能對上司抱有負面感受，覺得上司爲了公司的利益而不顧慮自己，一直把工作硬塞過來，但藉由說明這類理由，就能讓屬下對上司的感覺變得正面，認爲上司是在考慮過自己的職涯與期望後，才把工作交給自己，或者上司是對自己有所期待，才把工作交給自己。縱使只是把一份工作交給屬下，有無說明這類理由，也會大大改變屬下對上司的信任度與觀感。

擔任經營者或主管的客戶，在向我諮詢自己與屬下的關係時，我會請對方有意識地採用這種對話方式。他們在實行之後，通常會告訴我，屬下的反應與行動方式有所改變。只不過是一句話就能打動屬下的心。這些實際看到屬下反應變化的人，會實際感受到理由的力量。

領導人心法則

44 讓屬下了解委託任務的理由，就能提高他的幹勁。

4 理由的力量能帶來更多銷售業績

「理由」對顧客也擁有強大的力量。

人類會覺得帶有理由的資訊，比不帶有理由的更重要，並更感興趣。

所以，對顧客說明與商品相關的各種理由，就有可能讓顧客對該商品更加感興趣或更加關注。例如說明以下這類理由：

「這個商品爲什麼會誕生」、「爲什麼有許多人都認爲這個商品是必要的」、「爲什麼要有這個功能、效果、設計」、「爲什麼堅持選用這個顏色、大小、材質」、「爲什麼價格這樣訂定」、「爲什麼推薦你購買」、「爲什麼現在推薦購買」。

另外，顧客在購物時有個很大的風險，那就是「買了卻後悔」。因此，當顧客心中「想買」的衝動高漲時，擔心「買下去眞的好嗎？」的不安也會隨之湧現。

爲了迴避這種風險，顧客會從各式各樣的角度對購買進行評估。舉例來說，評估的形式是替以下問題找出理由。

「爲什麼不買別的商品，而是這個」、「爲什麼不跟其他公司買，而是跟這家買」、「爲什麼非得現在購買」。

明確知道這些「爲什麼」的理由後，顧客便能說服自己，也比較願意掏錢出來。所以，讓自己在面對這些問題時，能毫不猶豫地向顧客說明理由，也是很重要的。

像這樣提供顧客「購買的理由」，就能提升實際購買的可能性。我會在諮詢及業務員進修活動等場合，請聽衆設想顧客會有的各種問題，並寫出那些問題的理由。人爲了將之書寫下來，就會在腦袋中進行整理，如此一來，他們跟顧客商談時，就能夠流利地進行這種溝通。這也是相當有效的方法。

因此，理由的力量中，也潛藏著能帶來更多銷售業績的力量。

領導人心法則

㊺ 在得知商品的資訊後，我才會對它感興趣。

6-2 讓理由擁有力量的條件

❶ 是否有利於對方

「理由」能在對話中發揮強大的力量。不過，如前所述，進行說服式推理時，爲了讓理由發揮力量，必須選擇對方認同的理由。就算提出理由，但只要該理由不受對方認同，就無法發揮效果。

要讓提出的理由獲得對方的認同，必須符合以下要素：一、對對方有利，二、具正當性。

當他人對自己提案、下指示或委託事情時，人會判斷是否要答應。判斷時，理性腦會分析並研究答應後會產生什麼樣的痛苦或壓力，以及會有什麼樣的利益。倘若利益大於痛苦與壓力，人應該就會答應該提案、指示或委

利益種類	內容
經濟利益	能增加財富、能省錢。
物質利益	能得到東西、不用交出東西、有某種用處。
業務利益	能獲得工作或客戶方面的介紹、能獲得宣傳協助、能獲得有助業務發展的資訊。
勞力利益	能獲得作業或工作協助、能獲得服務。
社會性利益	能獲得地位或頭銜、自己的形象變好、能對他人有影響力。
情緒性利益	能感到開心或快樂、能消除不滿或不安。
自我成長利益	能學到東西或察覺問題、能得到自己認為必要的能力或經驗、能看見未來的可能性。
時間利益	自由時間增加、能節省時間。
人際關係利益	能得到良好的人際關係、能讓他人幫忙介紹、能讓他人把自己介紹給特定的人。
社會貢獻利益	對社會有所助益、對自己想幫助的人有所助益。

託。這裡所指的利益如同上面的表格內容，有各式各樣的種類。

除了上面所寫的利益外，還有其他各種類型的利益。一個人會覺得哪種利益擁有較高價值，全因其價值觀、思考方式及所處狀況而異。

考量商業利益時，思考核心往往都是經濟利益。不過，如果對利益的認知就只有經濟利益的話，商談時的論點就會僅有價格或薪資，如果無法談妥讓雙方都能滿意的金額，也無法達成意見一致的結果。在這種時候，只要擴大自己對利益的定義範圍，就能夠摸索出新的發展方向。

商談時，重要的是要盡量多找出自己能夠提供的利益種類，並弄清楚其中能讓對方感受到高價值的是什麼。

對對方而言有頗大價值，但對自己來說卻沒那麼有價值的事物，就給予對方；對自己而言相當有價值，但對對方來說卻無足輕重的事物，就由對方給予自己。理想的商談發展就是能獲得這種結果。

我認爲，只要能跳脫原有的思想框架，仔細思考自己能提供的利益種類，所想出的事物就會超乎想像的多。意識到自己能提供的利益種類之多，等同於察覺到自己的嶄新可能性。

你是否會對自己能提供的利益種類設限？

幫忙作業、提供資訊、回饋、傾聽並緩和不安、共鳴、介紹工作、介紹人、宣傳、提供對社會有助益的機會、協助成長、提醒，還有其他許多利益種類。

各位在思考「利益提供」時，對於自己提供的利益與能夠得到的利益，或許會向對方要求要五十比五十。關於這一點，有句話我一直都奉爲圭臬。那是一位擔任社長的資深前輩告訴我的。

「藤田先生，我們在做某種交易時，要把自己的利益調整爲四九，並將對方的調成五一，這是剛剛好的比例。只要持續用這種方式做交易，各種事情自然都會變得順利。」

要打造出的是，彼此互相提供能滿足對方期望之利益的關係。這種試圖建立雙贏關係的對話，擁有能引導他人行動的巨大力量。此外，留心讓交易稍微對對方更有利，如此一來，這股力量就能更加強大。

領導人心法則

46 對話的說服力，在於告知其利益與雙贏方式。

❷ 是否具有正當性

讓提出的理由展示其正當性，也是獲得對方認同的要素。所謂的正當性，是指符合法律、規則、社會秩序、社會共同認知，而且又正確。

這些條件是爲了在這個國家或地區生存下去而得遵守的規則，因此，當他人對自己提出建立於正當性之上的提案、指示與委託時，自己受到的影響就會相當大。

另外，自己提出符合社會秩序又正確的事，對對方也會有影響力。

在守護社會或組織的秩序上，身分爲何有很大的影響，比方說「要聽地位較高者說的話」的意識會發生作用。因此，上司給屬下的指示、父母對孩子的命令、老師對學生的指導等，都擁有那種影響力。

符合社會共同認知的正確事情，也能讓人感受到正當性。

所謂社會共同認知，意即衆人視爲社會不成文默契的事情。這個社會有數不清的不成文默契，其中最讓人感受到正當性的是：對衆人有助益的事。

「只要採用這個方案，對我而言就有這種好處，所以我們必須要採用這個方案。」

要是有人對你說出這種話，你會覺得對方的發言具有正當性嗎？

一般人應該會想要出言反對：「為什麼我非得為了你的利益而採用這個方案不可啊？」

那麼，要是對方說：「只要採用這個方案，對大家而言就有這種好處，所以我們必須要採用這個方案。」

這個發言是否會讓人感受到正當性呢？我認為，它給人的印象，與前面的發言應該大有不同。這句話只不過是把前面發言中的「我」改成「大家」而已。

人類對「私」、「公」概念的反應很敏感。

「私」一般而言是利己主義，多以「自私」一詞表現。人類對他人的自私很敏感，看到他人的自私言行就會感到厭惡。讓人感覺到自私的發言，也會讓人覺得不具正當性，因此很難順從地接受那種指示或意見。

另一方面，能感受到「這是爲了大家、爲了誰而做」的事情，就會讓人覺得高尙，有時還會讓人覺得感動。而且那樣的發言會讓人感受到正當性。

實際上是爲了自己，但表面上要說是「爲了衆人」。要在這個社會中生存下去，就要說場面話，而非眞心話；要是這麼做，他人也會比較認同自己。或許各位也有不少因爲感受到這一點而說出場面話的經驗。這是因爲各位下意識感受到「爲了大家好」的發言擁有正當性。

這樣想來，我覺得人類是會在「私」與「公」這兩種相對概念間掙扎煩惱的存在。這兩種概念在商業交易中更爲明顯，所以會感受到掙扎或煩惱的機會也更多。

自己的利益很重要，自己以外的他人利益也很重要。所以在進行商業交易時，要同時有利於自己與自己以外的人。那樣一來，就能消除眞心話與場面話之間的差距，堂堂正正地說出眞心話。爲了長期發展事業，領導者必須做到這一點。

領導人心法則

47 只要提出正當理由，就具有說服力。

本章講述了邏輯對話。

邏輯對話中的「理由」擁有強大的力量，而其發揮力量的條件則是必須要獲得對方的認同。能讓他人認同理由的要素，有「有利於對方」及「對方感受到正當性」。

理性對人心的影響頗大。因此，若要引導他人的行動，邏輯對話也是不可或缺的要素。

終章

引導行動的第一個對象

1 帶有情緒的知識才是學問

如同日文的「人間」（人類）書寫爲「人之間」，人被包圍在許多人際關係之間生存，例如，上司與屬下的關係、同事關係、與顧客或客戶之間的關係、夫妻關係、情侶關係、親子關係、朋友關係等等。在各種人際關係中，當自己有了「希望對方能多多這樣做」的心情時，就會產生「要怎麼做才能讓這個人展開行動」的疑問。我在前面已經講述過這個問題的解答，也就是性格信任、能力信任、情緒對話、邏輯對話這四個要素。

不過，就算在本書中找到了什麼啓示，光是這樣也無法讓人動起來。

中國明代的儒家學者王陽明有一句流傳至今的話是「知行合一」。

知道卻不身體力行，就等同於還不知道。知是行爲之始，行爲則是完成了知。這就是知行合一的意思。

換言之，以書籍、講座、課程等方式學習，是行爲之始，接著要將學習到的內容付諸實踐、轉爲行動，藉此完成學問。

先前提到大腦中有情緒腦與理性腦。

以書籍、講座、課程等方式學習理論或道理，會刺激理性腦。將輸入腦中的理論或道理轉爲行動後，就能得到某種體驗；得到體驗後會有情緒由此產生，接著該情緒就會刺激情緒腦。情緒腦與理性腦就像這樣，在受到刺激後，會理解理論或道理等知識，並使之成爲能實際運用的智慧。

如果僅學習理論或道理，而沒有實際體驗或情緒的話，人就不能有所領會，也無法使之成爲能實際運用的智慧。另一方面，如果只有體驗或體會了情緒，而未學習理論或道理的話，就難以重現該體驗，所以這種情形也無法使之成爲智慧。

理論與道理要伴隨著體驗與情緒，才能讓學問變成智慧，達成知行合一。在學問轉變成智慧之前，必須要反覆實踐，多多體驗並品味情緒。

如此而得到的智慧，就能提升今後發展的層次。

就算是因爲好奇心而學習了什麼，若是要把學問轉變成智慧，門檻就會大幅提高。想要跨過這道門檻，就必須引導「自己」的行動。

我剛開始學習心理學時，曾經認爲心理學能教我影響他人行動的方法。「想要任意操控別人」、「想要任意引導他人行動」，我曾經期待心理學是能實現這種願望的學問。

但是，不論學了多少理論與道理，也只是滿足了好奇心，要是沒有實踐，日常生活就不會有任何改變，於是我開始試著實踐。若要實踐自己平常不會做的事情，就得有意識地去做。我也曾經在試著實踐後得到了良好的結果，但是過了一陣子，就忘記要有意識地實踐。我在書中讀到的內容，也變成「那些在書裡有寫」這種程度的事情。

然後我又會因爲好奇心而購買新的書來讀，多次重蹈覆轍。不論讀再多都沒有任何改變。我並沒有變得能夠操控別人，也無法引導他人的行動。

「那我到底是爲了什麼去花錢、花時間學習？」

面對那樣的問題，我這樣回答自己：「什麼都沒學到嘛。」

操控他人、引導他人行動這種事情，只看一次書是不可能做到的。我只是被自己的期待要著玩，妄想那種願望能實現。我原本以爲那是「學習」，但其實是滿足當時好奇心的娛樂而已。

自從腦中浮現這種想法後，我就開始每天實踐自己學到的事情。在反覆的實踐過程中，我變得不太需要刻意意識，就能採取那種溝通方式。

在我仔細觀察自己與他人之間的溝通時，慢慢察覺到一件事。那就是「誰說」比「說什麼」更具影響力。

無論自己不信任的人說了什麼，人都不會願意去聽。

那麼不受信任的人，若想要影響或引導他人行動的話，要說些什麼才好？我那樣想著，並開始仔細注意他人的各種溝通狀況。姿態強勢、採取高壓態度、煽動不安情緒、說些有趣的事去引人注意、講好玩的事讓他人發笑；倘若採取這些作法，就能暫時性地帶動他人，也能以領導者之姿引導他人的行動。但是若缺少信任關係，人心就會隨著時間流逝而離去。我學習心理學、思考溝通及人際關係後，逐漸明白「不具信任的溝通沒有力量」。

要說這是理所當然的，也的確是理所當然。我就是這樣一點一滴地領會到這種理所當然的事。

若要建立信任，有很多事情得做，本書寫了其中一部分。不過，那些事情也是要實踐才有意義。爲了實踐，就必須要帶動自己。讓自己動起來並去實踐，在那些事情成爲習慣、融入性格之前，都要持續帶動自己。

在實際引導他人的行動時，必須知道自己不該期待對方行動，而是要讓自己變得會讓對方行動。

我在開頭提過，人類被包圍在許多人際關係之間生存，例如上司與屬下的關係、同事關係、與顧客或客戶之間的關係、夫妻關係、情侶關係、親子關係、朋友關係。不過，其中並沒有寫到自己與最重要的人之間的人際關係。

那就是自己與「自己」這個人的人際關係。

在所有人際關係的基礎中，都有著自己與自己之間的人際關係。

人無法脫離「自己與自己的人際關係」而去思考自己與他人之間的人際

關係。與自己的人際關係良好的話，自己和他人的人際關係就會從容安然，同時也容易擁有良好關係。倘若自己與自己之間的人際關係惡劣，那自己與他人的人際關係就無法保持從容，容易形成險惡的關係。

因此，如果自己與大多數人之間都無法擁有良好的人際關係，就要仔細觀察自己與自己之間的人際關係，能解決問題的啓示就在其中。

「要怎麼做才能帶動這個人？」

這個問題也適用於「自己」這個人。針對引導他人的行動一事，我曾提過性格信任、能力信任、情緒對話、邏輯對話這四個要素，這也適用於「自己」這個對象。

自己能信任「自己」這個對象的性格嗎？能信任自己的能力嗎？如果自己能與自己建立起這種信任關係，就能輕鬆地引導「自己」這個人的行動。然後再以情緒對話撼動自己的情緒，讓自己產生動機，並以邏輯對話讓自己認同。

應該也有人下意識就做了這種事情。這種人一決定要做就會去實行，碰到困難時也會賦予自己動機、讓自己認同，想辦法讓自己面對困難，踏實地接近自己想要的人生。

那麼，要怎樣才能跟自己建立起信任關係？自己與自己之間在過去的相處方式，有很大的影響。

自己決定要做的事情，就是與自己之間的約定。在與他人的人際關係中，自己會對遵守約定的對象產生信任，至於不遵守約定的對象則難以產生信任。當對象是自己時也一樣。只要持續遵守與自己的約定，就能慢慢與自己建立起性格信任關係。

另外，不論是工作也好、讀書也好、運動也好，只要累積「自己努力做些什麼並順利達成」的經驗，就能對自己產生能力信任。一般也會以產生「自信」這種說法來表達。

「自己」這個對象會觀看並聆聽自己所有的言行，即便自己能對他人說謊，卻無法對自己說謊。這種與「自己」這個對象之間的人際關係，就是一切人際關係的基礎。

領導人心法則

48 專業知識加上實踐體驗與情緒，就是工作現場的智慧。

49 我和自己的關係，是人際關係的基礎。

2 先改變自己，就能改變雙方的關係

「人會改變嗎？」

時常有人這樣問我。

一個人在生存過程中體會到的成功、失敗等形形色色的體驗，會形成他的價值觀與思考方式，而人類的傾向是：活得愈久，價值觀與思考方式就愈容易定形。已經定形的價值觀與思考方式，通常很難改變。

不過，我認為當一個人經歷強大的情緒衝擊，像是體會到「大成功」的強烈成功體驗，或因絕望而感到挫折無力的痛苦經驗，又或振奮人心的感動體驗，並且在心中有明確非改變不可的理由時，就會有所變化，換言之，就是情緒與理性受到劇烈刺激時，人就會改變。

反過來說，只要受到的刺激程度不夠，人就難以改變。有時，人會希望讓特定的對象有所改變，但是愈想讓對方改變，就愈容易對一直都沒有改變的對方感到煩躁。人在期待未能獲得滿足時，這種心情就會轉變爲憤怒。一旦感到憤怒，情緒就會開始失控，反而讓對方陷入難以改變的狀況中，像這樣的情形並不少見。

「別人與過去無法改變；自己與未來可以改變。」

這是加拿大的精神科醫師艾瑞克．伯恩（Eric Berne）所說的話。

承受許多壓力、情緒不穩定、心理生病的人，都會過度在意別人與過去等這些無法改變的人事物，並因此產生更多的壓力。爲了擺脫這種狀況，要停止注意那些無法改變的事情，開始注意可以改變的事情。這就是那句話的啓示。

不要去推「推了也打不開的門」，又因爲打不開而產生壓力，而是要轉念去拉一拉門。有時，門就會這樣順利打開。人際關係也是一樣。

就算無法改變對方，也可以改變自己與對方的「關係性」。關係性是某一方產生變化，另一方也會產生變化。

如果要帶動對方就必須改變現有關係性的話，就不該期待對方改變，而是要先改變自己對待對方的態度與彼此的相處方式。這麼做會讓第三章提過的「相互性」起作用，自己與對方的關係性就會慢慢地產生變化。

若想獲得對方的認同，自己就要先改變態度和行動，去接受並認同對方。若想讓自己變得能夠引導對方的行動，與其要求對方改變，不如先從改變自己與建立信任關係開始，這才是實際的作法。

爲此，必須要有自責的思考方式，而非責怪他人。

爲了改變自己與對方的關係性，要從責怪對方沒有改變的不滿想法，轉變成自己先改變的自責想法。

我認爲，會妨礙自己改變的最大敵人，應該就是「覺得麻煩」的這種情緒。先前說過的「害羞」、「覺得理所當然」的情緒，也是改變自己的兩大妨礙。爲了要克服這三種情緒，自己就要帶動自己。

換言之，引導他人行動的前提，是在自責想法之下，克服「麻煩」、「害羞」、「理所當然」，並從引導自己的行動做起。

第一個要引導行動的對象就是自己。

請將自己與自己的關係置入前面各章的內容去閱讀，各位一定能看到新的觀點。那些觀點應該會讓你意識到自己與他人的存在，並進一步加深對人際關係的領會。

領會之後，再重新跟形形色色的人溝通。

到時會有什麼樣的感受呢？

就把它當作實際體會到時，才能知道的樂趣吧。

領導人心法則

50 在引導他人行動之前，要先引導「自己」的行動。

結語

當急遽變動的時代到來

對於人心的理解無法以一本書道盡。

我只是希望能略盡棉薄之力，便以經營與商業現場的實務經驗爲基礎，講述了心理學、腦科學與案例故事等。

有些人告訴我，他們在加深自己對於人心的理解後，人際關係有所改善，或組織活化，或業績提升。因而我強烈地覺得，必須以能夠活用於經營與商業實務現場的形式，去加深大家對於人心的理解。

除了企業進修課程與演講外，我還設立了一般社團法人日本經營心理師協會，並舉行管理心理學的相關講座。

我透過自己與客戶、聽講學生之間的雙向溝通，每次都得到許多體認，像是現在身處實務現場的衆多經營者與商業人士，都在思考什麼、感受到什麼、在煩惱些什麼。

我想要以這些體認爲基礎，更進一步地進行活動。

今後，日本將在少子化、高齡化、全球化、機械化的趨勢中，面臨劇烈的變化。勞動人口因少子化、高齡化的影響而減少，經濟的未來令人擔憂。現在保持回穩狀態的日本經濟，在東京奧運結束後就會面臨到關鍵時刻吧。這無疑是刻不容緩的狀況。

現在各地都有舉辦以「日本重生」、「活躍日本」爲主題的活動與聚會。這種動向變得活躍，應該就代表有許多人都對今後的時代產生了強大的危機意識。

社會的危機意識愈強，時代就愈渴求公欲強大的領導者。

首先，領導者要打造出經濟面與精神面都很強大的組織，並運用該力量，從可以對日本與社會有所貢獻的事情開始做起。我想要支援或培育出那樣的領導者，這就是我現在打算做的事情。

如同第三章所述，麥克·葛伯說，基於非個人夢想去行動的經營者，得以長期發展並獲取成功。

以結果來看，懷有強烈公欲的領導者會獲得成功，其組織則繁榮昌盛。

這可說是經營與商業的一種傾向。

當然，不是只有公欲的強弱會影響成功。一般視爲必要的還有其他要素，像是優秀的商業模式、策略、吸引人的領導才能或溝通方式等等。

在思考那樣的事情時，我感覺到創造一個衆人能「好好面對並學習何謂人類、何謂人類的心」的機會，是一件意義十分重大的事情。

本書若能對此略盡棉薄之力，將是我的榮幸。

我在撰寫本書時受了不少人的幫助。

衷心感謝給我寶貴建議的阿部知佐子、安藤武文、石下貴大、石澤政己、內田晋太郎、奧田弘美、小口孝司、神谷正晴、木幡高久、小室吉隆、小山茂樹、近田惠子、佐藤貴弘、田中宣章、出繩昊一、中山達樹、西川尙文、堀內裕子、三浦謙吾、三宅祐介、山田勝也、類家好兒（依五十音順序列名），以及我堅持向日本經濟新聞出版社推薦的責編森川佳勇先生。

領導的起點——從心出發的50堂職場必修課

作　　者——藤田耕司
譯　　者——郭書妤
特約編輯——洪禎璐

發 行 人——蘇拾平
總 編 輯——蘇拾平
編 輯 部——王曉瑩
行 銷 部——陳詩婷、曾曉玲、曾志傑、蔡佳妘
業 務 部——王綬晨、邱紹溢、劉文雅

出版社——本事出版
台北市松山區復興北路333號11樓之4
電話：(02) 2718-2001　傳眞：(02)2718-1258
E-mail：andbooks@andbooks.com.tw
發　行——大雁文化事業股份有限公司
地址：台北市松山區復興北路333號11樓之4
電話：(02)2718-2001
傳眞：(02)2718-1258
美術設計——COPY
內頁排版——陳瑜安工作室
印　　刷——上晴彩色印刷製版有限公司
2018 年 02 月初版
2022 年 07 月二版 1 刷
定價420元

ISBN 978-626-7074-11-4
ISBN 978-626-7074-12-1 (EPUB)

國家圖書館出版品預行編目資料
領導的起點——從心出發的50堂職場必修課 藤田耕司/著 郭書妤 / 譯 ---.二版.— 臺北市；
譯自：リーダーのための経営心理学——人を動かし導く50の心の性質
本事出版　：大雁文化發行，2022 年 07 月
面　；　公分. –
ISBN 978-626-7074-11-4 (平裝)
1.CST:管理心理學
494.014　　　　111006017